ハヤカワ文庫NF
〈NF486〉

紙つなげ！　彼らが本の紙を造っている
再生・日本製紙石巻工場

佐々涼子

HAYAKAWA NONFICTION

早川書房
7936

紙つなげ！　彼らが本の紙を造っている

再生・日本製紙石巻工場

プロローグ

二〇一三年四月一二日。各地の書店の前に長い行列ができた。この日発売される村上春樹の新刊『色彩を持たない多崎つくると、彼の巡礼の年』をいち早く手に入れようとする熱心なファンの列である。

発売日に花を添えるように、三省堂書店神保町本店の売り場には『多崎つくる』タワーが出現して、人々の注目を集めた。報道によると、これは前夜のうちに入荷した一〇〇〇冊のうち二〇〇〇冊を積み上げて造ったもので、高さは約一四〇センチあるという。『多崎つくる』は白い背景にカラフルなラインがあしらわれた端正な表紙をしており、タワーにすると季節外れのクリスマスツリーのように見える。これを美しいと感じるのは、紙の来歴と関係があるのかもしれない。紙は樹木から作られているのである。

見上げる客たちが歓声を上げて携帯のカメラを掲げていた。テレビ局もやってきて、インタビュアーが書店員にマイクを向けている。書店員の顔も心なしか上気していた。

出版不況と言われる中、文芸書の発売がこれほど話題になるのも珍しい。関係者にとって、この日は祝福の日となった。

この盛り上がりを興奮気味に見守っている人々が東北にいた。日本製紙石巻《にっぽんせいしいしのまき》工場の従業員たちだ。『多崎つくる』の単行本の本文用紙は、東日本大震災で壊滅的な被害に遭《あ》いながらも、奇跡的な復興を遂げた石巻工場の8号抄紙機《しょうしき》、通称「8《ハチ》マシン」で作られているのである。

8マシンのリーダー、佐藤憲昭《さとうのりあき》（46）は、「うちのはクセがあるからね。本屋に並んでいても見りゃわかりますよ」と、言葉に紙への愛情をのぞかせる。

紙には生産者のサインはない。彼らにとって品質こそが、何より雄弁なサインであり、彼らの存在証明なのである。

印刷用紙の原料には、ユーカリなどの広葉樹チップ（木片）と、ラジアータパイン（松の一種）などの針葉樹チップが使われる。その絶妙なブレンドによってグラビアや、単行本、コミック、文庫の各用紙が作られる。

『多崎つくる』の本文で使用されている紙の名は「オペラクリームHO《エイチオー》」。広葉樹チップのみで作られている。広葉樹は針葉樹と比べて繊維が短く、柔らかいのが特徴だ。これが手触りのよさを生みだしている。

読書では、ページをめくる指先が物語にリズムを与える。人は無意識のうちに指先でも読書を味わっているのだ。オペラクリームHOは軽さの割に嵩《かさ》が高く、背幅を出す。美しい単行本の装幀は、物語のボリュームと紙の嵩のバランスの上に成り立っている。『多崎つくる』は発売七日目にして一〇〇万部に到達。文芸作品では最速の記録を打ち立てた。

日本製紙は増刷にうれしい悲鳴を上げていた。「どれぐらい積むんだ？」彼らは紙を抄《す》き、売ることができる喜びに沸いた。

石巻工場の震災前の生産量は一年に約一〇〇万トン。工場の整理が進み、被災後の二〇一二年には約八五万トンをもって完全復旧としている。石巻工場の主力マシン、「N《エヌ》6《ロク》マシン」は現在フル生産の状態である。そして石巻工場は、昼夜止まることなく紙を生産し続けている。

しかし、この工場で何が起きたのかを知る者は少ない。

二〇一一年三月一一日一四時四六分、世界屈指の規模を誇る日本製紙石巻工場は、未《み》曾《ぞ》有《う》の大災害に遭遇した。

その日工場は、敷地の南側にある太平洋岸と、西側の工業港、そして東の旧北上川《きたかみがわ》という三方から巨大な津波に襲われた。気象庁の発表によると、石巻市鮎川《あゆかわ》の津波の高さは推定七・七メートル。黒い水は土煙を上げて構内になだれ込み、貨物の引き込み線のレールをぐにゃりと曲げ、四〇トンもある貨物用ディーゼル機関車をなぎ倒した。

津波はさらに勢いを増して進み続け、工場の壁やシャッターを突き破り、様々なものを破壊していった。工場全域が海に呑まれるまで時間はかからなかった。波は近隣住宅を押し潰し、避難しようとしていた車を巻き込むと、人々の悲鳴やクラクションの音とともに流れ込んだ。その音を聞いた者は、「生きている限り忘れることはないだろう」と重い口を開く。

工場の建屋《たてや》に入った津波は、高いところで約四メートルにまで達した。凍《い》てついた水の中には、近隣から運ばれてきた家屋の二階部分一八棟、自動車約五〇〇〇台が浸《つ》かっていた。そして、いたるところに散乱した瓦礫《がれき》はみな、数時間前まで営まれていた尊《とうと》い日常生活の断片だった。

工場正門の前にある日和山《ひよりやま》に避難していた従業員たちは、自分の街と工場が沈むのを見ていた。

「おしまいだ、きっと日本製紙は石巻を見捨てる」

誰もがそう思った。その日、多くの者は、家を失い、家族を失い、知人を失った。感情がうまく働かない者も大勢いた。

「世の中にはもっとつらい人がいる。命があっただけでもありがたいと思わなければ」

家族を失った従業員のひとりがこう言った。

石巻市の当時の人口は一六万二八二二名。この震災で死者三一六九名、行方不明者七九三名という被害が出た。このうち四一名の遺体が、工場の敷地内で発見されたのである。


当時、私はある雑誌で記事を書いていた。関東でもたびたび計画停電があるなど、不安な日々を送っていたが、その雑誌の編集者と顔を合わせると、彼女は参ったという風に、こんな話を始めた。

「今、大変ですよ。社内で紙がないって大騒ぎしてます。石巻に大きな製紙工場があってね。そこが壊滅状態らしいの。うちの雑誌もページを減らさないといけないかも。佐々さんは東北で紙が作られてるって知ってましたか？」

私は首を振った。ライターの私も、ベテラン編集者の彼女も、出版物を印刷するための紙が、どこで作られているのかまったく知らなかったのだ。私たちはそれに改めて気づいて、迂闊《うかつ》さに呆《あき》れた。

「私たち、ずっとお世話になってきたのにね」

サーモンはノルウェーで獲れることを知っている。バナナがフィリピンで採《と》れること も、サトウキビが沖縄で採れることも知っている。しかし、私たちは雑誌用紙がどこか らやってくるのかを知らなかった。それは出版に携《たずさ》わる者にとって恥ずべきことに違い ない。

「これだけ紙を使って商売しているのに、不足してみないと、何も知らないことにすら 気づけないなんてね。『電子書籍じゃなくてやっぱり紙だよね』なんて偉そうなこと言 っていても、どこで作られているのか知らないんだもの」

目の前の編集者は、困ったように笑顔を作った。

あれから三年がたつ。私たちの暮らしが普通に戻ったのはいつだっただろう。もう記 憶にない。いつの間にか街には電気が煌々《こうこう》と灯《とも》り、書店にはたくさんの本が並び、当た り前のように我々はそれを眺めて手に取る。『2014年版 出版指標年報』によると、 二〇一三年の出版点数は七万七九一〇点。毎年、星の数ほど本が出ては消えていく。貴 重だと思っていたはずの紙はすぐに手に入り、東北はいまだに遠いところにある。

誰も「この本の紙がどこから来たのか」と問おうとはしない。ライターも編集者も何事もなかったかのようにして仕事をしている。

人は簡単に環境に順応する。ひとたび緩んでしまえば、震災前と同じだ。我々はまたも、この生活を支えているのは誰なのかを忘れようとしている。壊滅的と言われた石巻工場であの日何があったのか、そして誰がどのようにして復興したのか、疑問を口にするものはいなくなった。

震災から二年後のある日、私は石巻に取材に入った。

あの日、東日本大震災に襲われた製紙工場で何が起こったかを、書き残すためだ。

巨大な建屋に入ると、見上げるほど大きな8号抄紙機は、うなりをあげて紙を製造していた。黄色いランプが点滅し、ときおり人影がよぎるが、思ったよりも人が少ない。オペレーターは一組四名。少人数で運転しているのだ。

マシンの全長は一一一メートル。建物の柱のように太いロールがみるみるうちにできあがり、カッターで切り離された。何もかもスケールが大きく、自分が一瞬縮んだような錯覚に襲われる。

遠くから近づいてくるのは、8号機のオペレーターを束ねる抄造《しょうぞう》一課の係長、佐藤憲昭だ。彼はヘルメットにブーツの作業着姿だ。焼けた肌をしており、いかにも現場の人らしい目の鋭さが印象的だった。

彼はぎこちない一礼をすると、マシン脇にある休憩室に私を案内して缶コーヒーを勧めてくれた。

8号マシンは、おもに微塗工紙《びとこうし》や中質紙を中心に生産している。このマシンで作っている紙がどんな作品になっているかを知れば、我々の日常にどれほど彼らの紙が浸透しているかがわかるだろう。

たとえば文庫本では、百田尚樹《ひゃくたなおき》『永遠の0《ゼロ》』（講談社文庫）、冲方丁《うぶかたとう》『天地明察』（角川文庫）、東野圭吾《ひがしのけいご》『カッコウの卵は誰のもの』（光文社文庫）、などの紙がこのマシンで作られている。

単行本の本文用紙では、池井戸潤《いけいどじゅん》『ロスジェネの逆襲』（ダイヤモンド社）、桜木紫乃《さくらぎしの》『ホテルローヤル』（集英社）、また尾田栄一郎《おだえいいちろう》『ONE PIECE』、岸本斉史《きしもとまさし》『NARUTO―ナルト―』（ともに集英社）などのコミック用紙もこの抄紙機の製品だ。

私は、ICレコーダーを机の上に置き、彼らの言葉を書き留めるためのメモとペンを出した。

日本製紙はこの国の出版用紙の約四割を担っている。その会社の主力工場が辿《たど》った運命について、私は興味がある。ひとりの書き手として、そして読者として。

憲昭が口を開き、力強くこう言った。

「8号が止まる時は、この国の出版が倒れる時です」

目次

石巻市周辺地図

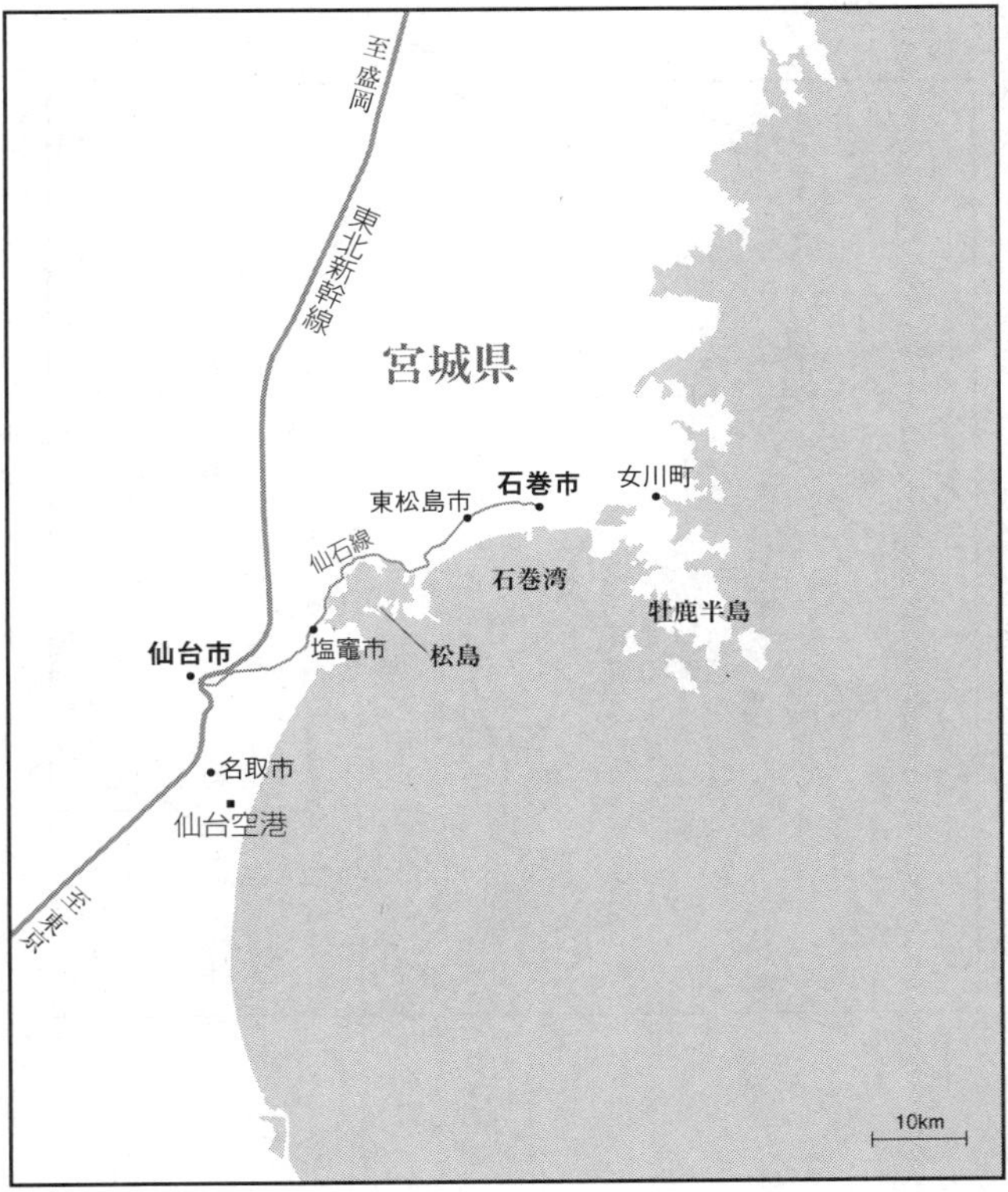
至盛岡
東北新幹線
宮城県
石巻市
女川町
東松島市
仙石線
石巻湾
牡鹿半島
仙台市
塩竈市
松島
名取市
仙台空港
至東京
10km

石巻市市街地地図

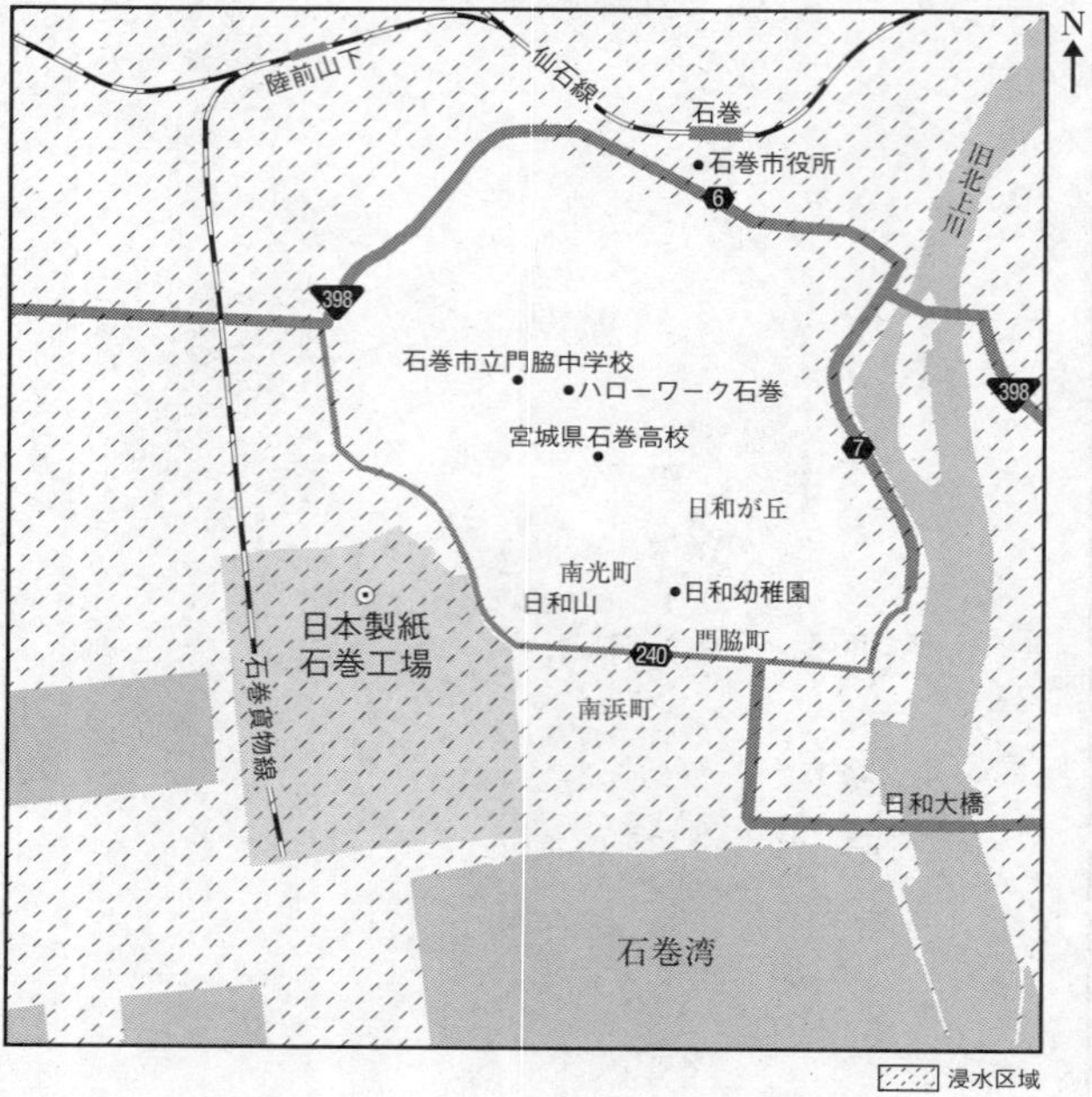
N
陸前山下
仙石線
石巻
石巻市役所
6
旧北上川
398
石巻市立門脇中学校
ハローワーク石巻
398
宮城県石巻高校
7
日和が丘
南光町
日和山
日和幼稚園
日本製紙
石巻工場
240
門脇町
石巻貨物線
南浜町
日和大橋
石巻湾
浸水区域

震災前の石巻工場地図

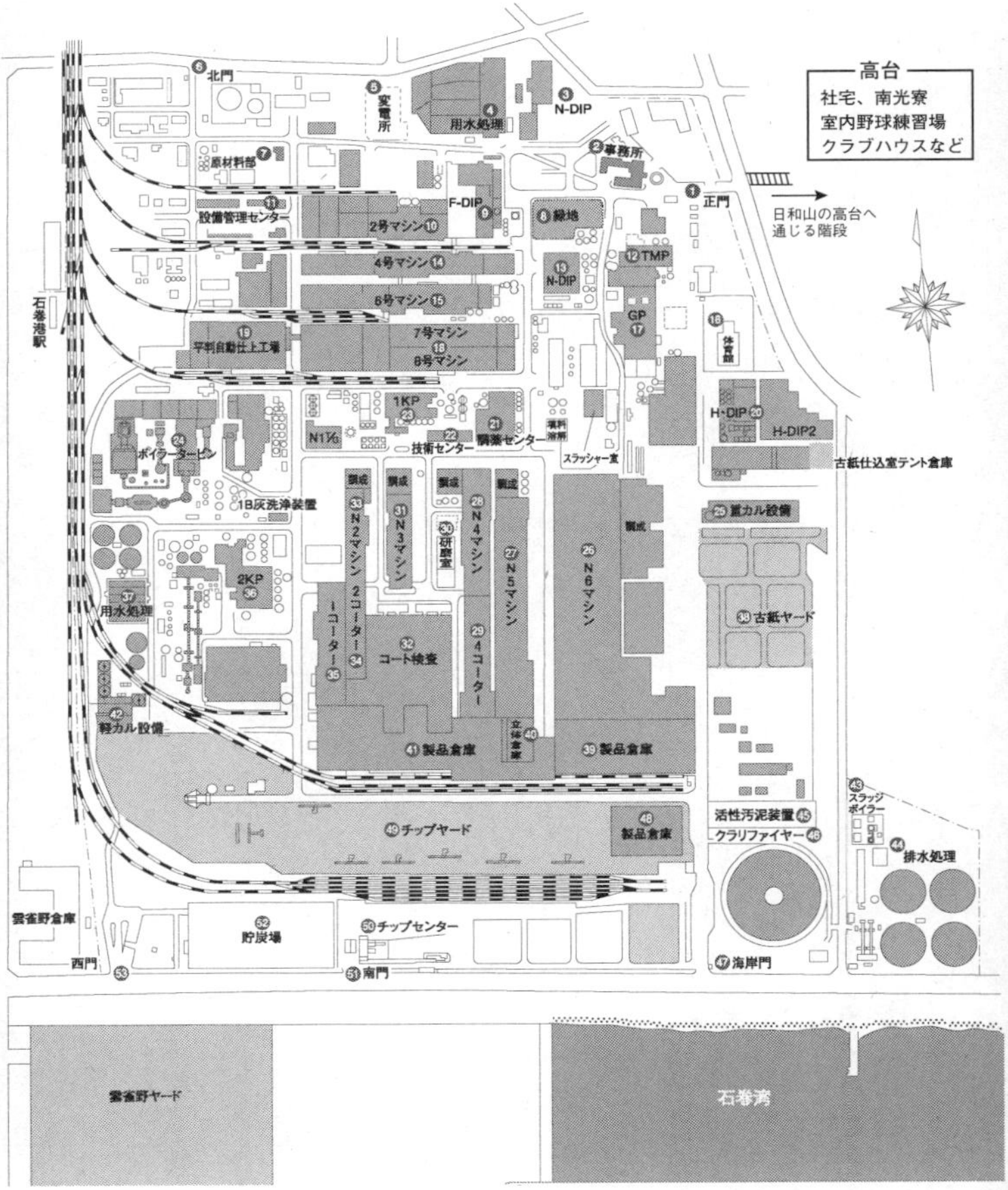

高台
社宅、南光寮
室内野球練習場
クラブハウスなど
日和山の高台へ
通じる階段
1 正門
2 事務所
3 N-DIP
4 用水処理
5 変電所
6 北門
7 原材料部
8 緑地
9 F-DIP
10 2号マシン
11 設備管理センター
12 TMP
13 N-DIP
14 4号マシン
15 6号マシン
16 体育館
17 GP
18 7号マシン
8号マシン
19 平判自動仕上工場
20 H-DIP
H-DIP2
21 調薬センター
22 技術センター
23 1KP
N1
24 ボイラータービン
1B灰洗浄装置
スラッシャー室
古紙仕込室テント倉庫
25 重カル設備
26 N6マシン
27 N5マシン
28 N4マシン
29 4コーター
30 研磨室
31 N3マシン
32 コート検査
33 N2マシン
34 2コーター
35 1コーター
36 2KP
37 用水処理
38 古紙ヤード
39 製品倉庫
40 立体倉庫
41 製品倉庫
42 軽カル設備
43 スラッジボイラー
44 排水処理
45 活性汚泥装置
46 クラリファイヤー
47 海岸門
48 製品倉庫
49 チップヤード
50 チップセンター
51 南門
52 貯炭場
53
西門
石巻港駅
雲雀野倉庫
雲雀野ヤード
石巻湾

登場人物の年齢・肩書きは震災当時のものです。

第一章　石巻工場壊滅

日本の出版用紙の約４割が日本製紙で生産されており、
石巻工場はその基幹工場である

彼らの話をするには、まずあの日から始めなければならない。

1

二〇一一年三月一一日。日本製紙石巻工場の総務課主任、村上義勝《むらかみよしかつ》（48）は、石巻市役所で職員と打合せをしていた。

工場で働く時はいつも作業着に安全靴という恰好《かっこう》だが、この日はスーツにネクタイを締めている。真面目で、こうと決めたら融通《ゆうずう》が利かないほど頑固だという村上に、ネクタイ姿はよく似合った。

市役所は彼の働く工場から二・五キロほど離れたところにある。この時は、工場のすぐ裏手にある工業港の改良工事について、市の職員と打合せをするために、市庁舎の五階まで出向いていたのだ。

市役所は石巻駅のすぐ近くにあり、周辺には古くからの商店が続いている。以前は買い物の中心地として賑《にぎ》わっていたが、最近は、車で買い物に行ける郊外の大型ショッピングセンターなどに押され、人の流れも移りつつある。商店街も負けまいと、石巻ゆかりの漫画家石ノ森章太郎《いしのもりしょうたろう》のアニメキャラクター「サイボーグ００９」や「ロボコン」の像を置くなどして観光客を呼び込み、地域を盛り上げていた。

市役所は少し変わった造りをしている。デパートを改装して使っているため、ワンフロアが大きい。村上が座っていた椅子からは、大勢の職員が見渡せるようになっていた。

一四時四六分。たくさんの携帯電話から一斉に緊急地震速報のサイレンが鳴り始めた。村上は、とっさに妻のゆり子に電話をして所在と無事を確かめた。その直後、地鳴りのような異様な音がしたかと思うと、ドンと縦に揺れ、テーブルにあったコーヒーが打合せ相手の足にバシャンとこぼれた。「熱い！」という言葉が出る間もなく、市庁舎はぐらんぐらんと横に大きく揺れ始めた。

一向に止む気配がない。立っていられなくなった村上は、机にしがみつくと中腰になって地震が収まるのを待った。カシャンという金属音を立ててエアコンが落下し、水道の配管が外れて、水が音を立てて飛び散る。本棚が倒れそうになったため、職員が慌てて押さえるが、揺れが激しく、そのまま下敷きになりそうだった。「ダメだ、押さえるな。逃げろ！」「キャー」「うわー」悲鳴がいくつも重なって響いた。

嵐の中の船のように、床は横に大きく揺れて、また反対方向に引っ張られる。村上はかがんだまま、机や椅子が横に大きく滑っていくのを眺めているほかなかった。

長い揺れだった。もともと地震が多い地域で、住民たちは地震に慣れていた。だが、これは尋常《じんじょう》ではない。村上は打合せを切り上げて、階段で下まで降りると、市庁舎の前に待たせてあった工場の送迎車、ハイエースへ急ぎ足で戻った。

「菅原さん、工場へお願いします」

村上は運転手の菅原義徳《すがわらよしのり》（59）に指示を出す。石巻市役所から工場までは道が空いていれば五分で着く。信号はすべて消えていたが、避難渋滞もなく、車はスムーズに進んだ。

被災地ではたった数分の違いが、人の生死をわけることとなる。もしも初動が遅れていたら、彼らの生死のみならず、工場で働く多くの人の運命が変わっていただろう。

「すごい揺れだったね。菅原さん、テレビつけて」

車載テレビのスイッチを入れると、震災関連のニュースを報じていた。大津波警報が出されていたが、すべての人がこれを深刻に受け取っていたわけではなかった。

しかし村上には、津波が来るという確信があった。

「直感ですね。今回は絶対に津波が来る。急いで工場に戻らなければならない、とそればかり思っていました」

その日、工場長以下多くの幹部が野球の応援に東京へ行っていて留守だった。日本製紙石巻硬式野球部は、ここ数年でメキメキと力をつけ、この日も神宮《じんぐう》球場でスポニチ大会に出場していたのだ。村上は、留守を預かる者として、余計に責任を感じていた。

村上の車は穀町《こくちょう》通りから三九八号線に出て、工場へ向かった。警察署があり商店街があり、墓や病院がある。車窓から眺める限り、倒壊した家は見当たらない。路肩に止めた車や、外に出てきた住民たちが見えるが、街並みはいつもの風景だ。

石巻は朝まで晴れていたが、昼からは灰色の雲が立ちこめてきた。一二時の気温は五・二度。午前中は春めいて暖かい日だったが、東北の春は遅い。三月といえども日差しがかげると白いものが落ちてくる。

村上の妻ゆり子は野球部の追っかけを自任するほどのファンで、娘を連れて、工場の従業員たちとともに、東京へ野球観戦に出かけていた。

一方、運転手の菅原には、南浜《みなみはま》地区の自宅に妻と年老いた母親がいる。

南浜地区は、旧北上川の右岸河口部の、石巻工場のすぐ隣に位置する住宅密集地である。太平洋に面して広がる平野で、住宅地として開発されたのは一九四〇年に日本製紙の前身、東北振興パルプが操業を始めてからのことである。工場とゆかりの深いこの地帯には、震災当時一二六世帯、二七一六名が住んでいた。

やがてテレビ画面に「牡鹿《おしか》半島に四メートルの津波が到達」という文字が映し出され、村上は身を固くした。回線が混んでいるらしく、携帯電話は何度かけてもどこにもつながらない。

「菅原さん、家の人とは連絡ついた？」

菅原は地元訛《なま》りのある言葉で、後部座席の村上に答える。

「家内に電話したら家にいました。うちのおばあさんは大丈夫だろうか」

心配する菅原に、村上は声をかけた。

「菅原さん、私を降ろしたら、この車にそのまま乗ってっていいから、ご家族を迎えに行って、すぐに日和山《ひよりやま》に上がってきてください。いいですか、すぐにですよ」

「ありがとうございます」

菅原はいかにも実直な様子で、ハンドルを握りながら小さく頭を下げた。その日、菅原は自宅待機のはずだった。しかし、村上の外回りに同行するため、急きょ出勤していたのだ。後になって考えてみると、これも運命の巡りあわせだった。

やがてハイエースは工場に到着した。

日本製紙石巻工場は一平方キロメートル、約三三万坪という広大な敷地面積を持つ工場だ。巨大な煙突が立ち並び、空に向かって白い蒸気を吐いている。この威容が、海沿いの低い建物が並ぶ中で石巻のランドマークとなっていた。

ここは、仙台駅から約五五キロ東北東に位置しており、三陸自動車道を車で走れば一時間一〇分程度の距離である。貨物の引き込み線も場内に通っており、ここで製品を積み込めば、東京までは交通渋滞もなく輸送でき、大市場へのアクセスが非常にいい。

村上は工場の正門前で車を降りると、すぐに正門脇の守衛室に駆け込んだ。

そして守衛長と守衛二名に、工場の全従業員に避難命令を出すよう指示を出した。

「大津波警報発令。すぐに全員避難を指示。誰も工場に残るな」

いつもの避難訓練と同じ手順だった。守衛はマイクを使い、構内に命令を出す。

「大津波警報発令。すぐに構内から退避してください。すぐに構内から退避してください」

守衛たちは、マイクと拡声器二台で手分けをして、避難誘導に当たった。

石巻工場の正規従業員は五一四人、協力会社従業員を入れると、その三倍の人数が工場で働いている。三交替勤務のため、オペレーターの出入りが多いが、工場構内で働いている人の数は正確に記録されている。当時工場にいたのは一三〇六名であった。

総務の村上はその全員を退避させなければならない。ただちに避難誘導に駆け回った。

従業員たちは、なかなか持ち場を離れたがらない。避難命令が下ったからといってただちに作業を中止して避難できるほど、オペレーションは単純なものではなかった。

ボイラーを担当している原動課課長、玉井照彦《たまいてるひこ》(45)はラガーマンのような体格の持ち主で、この震災にあっても、外見に違《たが》わずどっしりと構えていた。

「たとえ津波が来ても、チャポチャポって足元が浸かる程度だろうと思いました。大きなものなんか、警報が出ても来たためしがないでしょう? たいていは数センチ海面が浮くぐらいなもんなんですよ。『津波なんてそんなもんだろう』と思いました。それよりも、タービンが気になった」

玉井はタービン建屋の一角にある事務所で打合せ中だったが、揺れが収まると、発電所の中央操作室に行きボイラーの確認をした。

ボイラーとは燃料を燃やした熱で水を高温、高圧の蒸気に変える設備であり、この蒸気が工場で使用されるエネルギーの源となる。ボイラーには、自動停止装置がついており、災害時稼働していたボイラー五缶のうち四缶は自動的に停止していた。

重油ボイラーのみ火がついたままだったが、オペレーターがそれを手動で止めていた。

ボイラーで発生した蒸気は、最大で全長六メートルのタービン、すなわち巨大な羽根車に供給される。その羽根車に高温、高圧の蒸気を大量に当てることで、蒸気の力を回転力に変えて、発電機に伝え、電気を発生させているのである。

タービンは毎分三〇〇〇回という高速で回転している。急に止めると、五〇〇度もの高温になっているタービンの軸は、一五トンという自重によってたわんでしまう。

これを防ぐため、電動モーターにより羽根車を回し続けなければならないのだ。

だが、電源が喪失していた。

冷めるまで手動で回転させる必要がある。

タービンはすべて特注品であり、石巻工場の最も新しいタイプ、N1タービン一基だけでも約二〇億円かかっている。一度歪んでしまえば新しいものに交換せざるを得ず、完成するまでに二年はかかる。

この頃、石巻工場の総使用電力は約一八万キロワット、そのうち自家発電率は九二パーセントだった。これを支えていたのが工場内にある五缶のボイラーと五基のタービンだ。ダウンしてしまうと工場を再稼働することができなくなる。

ボイラーを停止させるのは、まともに全工程を踏めば半日はかかる作業だ。

ボイラーマンは、ボイラーを緊急停止させたら、そこを離れないのが鉄則だ。玉井にとっては、津波よりもタービンがたわんでしまうリスクの方が現実的だった。彼は手順通りに操作を続けようとしていた。

「下手に職場を放棄して逃げるより、立ち上げのことを考えるなら、その場に残って措置をした方がいいだろう、という考えでいました。でも、あまりに揺れが強かったし、もしかしたら、という気持ちがだんだん強くなりました」

そのうち、外の様子を見に行った課員が、慌てた様子で戻ってきて「ほかの課はみんな避難を始めています」と報告をした。玉井はオペレーターたちと目を合わせた。

「逃げましょう」

誰からともなくそんな言葉が出ると、原動課のオペレーターたちは後ろ髪を引かれる思いでその場を後にした。彼らが職場を離れたのは、地震発生から三〇分後のことだ。彼らの職場は海に近い場所にあり、正門までは約一キロの距離がある。歩いて逃げるにはギリギリのタイミングだった。

同じ工場内でも揺れのひどかった場所が何箇所かある。協力会社、アイメイトの第三検査室係長、本木《もとき》千恵子《ちえこ》(55)ら女性従業員たちは、命の危険を感じるほどの揺れを体験した。

作業場には照明がついていたが、地震と同時にフッと消え、一瞬で真っ暗になった。

本木は悲鳴を上げながら作業台の下に潜り込むのが精いっぱいだった。立ちあがることもできず、四《よ》つん這《ば》いになったまま叫ぶ。

「みんな大丈夫？　どこにいるのー？」

返事はない。誰の声も聞こえてこなかった。

暗がりの中でかろうじて見えたのは、床に地割れが走っている様子だった。

信じられない、と本木は思った。地割れは三〇センチほど上下にずれて、揺れるたびに互い違いに上がったり下がったりする。

やがて、亀裂の上に高く積まれていた梱包済みの製品が、ドーン、ドーン、と大きな音を立てて本木の方へと倒れてきた。これに直撃されたら命はない。

「みんなー、逃げてー」

そう叫んでいると、仲間の「ここよー」という声がかすかに聞こえた。本木は這いずるようにして仲間のもとへ移動すると、身を寄せあった。

「天井を見ると、蛍光灯の片方が外れていて、今にも落ちそうになっていました。私は『もう、ダメだ』と思いました。通路の向こう側にも仲間がいたけど、その人はただ泣くだけだった。私は『この揺れさえ収まれば外に出られるんだから、泣ぐな』としか言えませんでした」

揺れが収まった。作業台の下にいた同僚たちは放心状態だった。本木は部下たちに防寒着を持たせると、外へ逃げるように指示をした。

一方、紙を製造する抄紙機のある建屋は、鉄筋コンクリートの堅牢な造りになっている。これはマシンの重さを支えるためで、比較的揺れは少なかった。

8号機の親分、佐藤憲昭にも余裕があった。いつも軽やかな冗談で場を和《なご》ませる憲昭は、「ほら、こうすっと揺れないぞ!」と、サーフィンの真似をする余裕があった。

「ものすごい揺れだったけど、マシンは無事だったし、津波が来るとも思わなかった。ほかの課の従業員が避難して、自分たちだけ孤立するのも嫌だったんで、みんなで逃げようかということになったんですよ」

やがて従業員は、それぞれの建屋から外に集まってきた。

しかしどの顔を見ても、さほど深刻な様子は見られない。それはこの地震の前に起きた、二度の大きな地震のせいだ。

一度目は二〇〇三年の宮城県沖地震。震度は6と決して小さくなかったが、津波の被害はなかった。次が二〇一〇年のチリ地震。津波は観測されたものの、気象庁の発表によると石巻市鮎川で波の高さは〇・七八メートル。やはり直接の被害はなかった。

二度「津波が来る」「津波が来る」と脅かされたが、たいした津波は来なかったのだ。

まるでイソップ物語に出てくる「オオカミが来るぞ」と言い続けた羊飼いの少年のようだ。総務課は、チリ地震の避難の折には足並みがそろわなかった、と危機感を募《つの》らせていたが、ほかの従業員たちはずっと楽観的だった。

〈しかたないな。まあ、一応避難しましょうか〉

そんな本音を緊張感のない顔に浮かべると、彼らは工場正門のすぐ前にある山に登ることにした。標高約六一メートルの日和山は、山というよりは丘と言った方がいいような緩やかな丘陵《きゅうりょう》地帯で、斜面には閑静《かんせい》な住宅街が続いている。日本製紙の社宅やクラブハウス、室内野球練習場のほか、山の上には、俳優、中村雅俊《なかむらまさとし》の母校である宮城県石巻高等学校などがあった。

避難する従業員たちは、着のみ着のままだった。暑い室内で作業をしていた者の中には、半袖の者もいた。しかし、すぐに帰れるだろうという思いがあったので、外気に震えても、まだ笑える余裕があった。なごやかに雑談をしている者も多く、ときおり笑みがこぼれる。

日和山を日本製紙の社宅がある方角へと上りながら、誰もがあと三〇分もすればこの坂を下って持ち場に戻れるだろうと思っていた。それは誘導をしている総務課主任の村上も同じだった。彼は市役所から戻ったままのスーツ姿だ。津波が来るという直感は働いたが、彼がその後体験した事態は想像を遥かに超えていた。

協力会社、石巻NPサポート所属の高橋太治《たかはしたいじ》(60)は、『工場ニュース』を作るために常にカメラを傍《かたわ》らに置いていた。社内の行事があれば、写真を撮って記事を作る。それが彼の仕事だ。

この日、構内にある古い木造事務所はミシミシと音を立てて今にも潰れそうにたわみ、重さ二〇〇キロもある印刷機は、まるでゴム毬《まり》のようにはずんで、位置が大きくずれた。揺れが収まったところで長い棒をテコにして印刷機をもとに戻したが、再び強烈な揺れが襲ってきた。

〈これはダメだ。逃げるしかない〉

構内には十條《じゅうじょう》神社という祠《ほこら》がある。そばには大きなけやきの木があり、いつもはそこでカラスが騒いでいるのだが、この日に限って一羽もいなかった。

〈やっぱり、何かおかしい。大変なことが起こるんじゃないか？〉

高橋は、のど元に何かがせりあがってくるような感覚に襲われた。

とにかく避難風景をカメラに収めようと、一旦事務所に戻り、長髪の頭にヘルメットをかぶり防寒着を着た。免許証と携帯電話の入ったカバンを肩にかけ、キヤノンのEO

Sを持つと外に出ていき、避難してくる従業員に向かって、構内移動用の自転車を走らせた。

ヘルメットをかぶった従業員たちが、ぞろぞろと正門に向かって歩いているのが見える。みな粛々《しゅくしゅく》と移動しており、慌てている様子はなかった。高橋は彼らに向かってシャッターを切った。

あらかた避難の様子を写し終わると、危機感を募らせた高橋は、自転車の向きを変えて正門へ引き返した。みぞれはいつの間にか雪に変わっていた。雪は降りかかり、冷たい風が頬《ほお》に当たる。

正門の前には守衛本部がある。地面には、地震の影響で三〇センチほど水が上がっていた。避難しやすいようにと工夫したのか、水たまりの上には橋の代わりに梯子《はしご》が渡されている。

すでに避難誘導の守衛たちを除いて全員が避難を終えたようだ。

構内は死に絶えたように静かだった。

高橋は正門付近から構内を振り返ると、望遠レンズでさらに数枚を撮影した。

〈よし、撤収しよう〉

正門を出ると公道があり、それを渡ったところに、日和山方面に上る小さな階段がある。雑木林の中に作られたコンクリート製の簡単な階段で、従業員はここを上がって逃げたはずだ。

正門前の一車線の道路では、海から少しでも遠くへ避難しようとする車が渋滞しており、まったく動く気配がない。

この道路の南、ほんの数百メートル先はもう海だ。

高橋が車の間を横切ろうと数歩踏み出した時、水深数センチの黒い水が音もなく忍び寄ってきた。ゾッとして思わず飛び退《の》く。

〈これは津波の前触れだろうか〉

慌てて車と車の間をすり抜けると、高台に続く階段を、跳《は》ねるようにして駆け上がった。

逃げる高橋の目の端には、車の中の人影が映って消えた。みな海を背にして、前を向いていた。

総務課の村上はいったん従業員を誘導して日和山の中腹まで上った。そこは近くの水産加工会社の社員や、近隣の住民でごったがえしている。タクシーや自家用車も、山の上まで列をなしていた。日和山には会社所有のバーベキュー棟がある。村上はそこで点呼を取りながら、しばらく待機するよう指示をした。

低く垂れこめた灰色の雲からは雪が落ちてくる。総務課は、避難所として山裾《やますそ》にある野球の室内練習場を開放し、そこに近隣の住民と従業員約五〇〇人を誘導した。

少しの我慢だと思っていた社員たちは、凍《い》てつく空気に震えた。

避難してから三〇分以上たった頃だろうか。一時避難というには長い時間が経過し、次第に従業員たちからこんな声が上がり始めた。

「家の鍵も車の鍵も置いてきてしまった。ちょっと事務所に戻りたいんだけど」

「コートを取りに戻ってもいいでしょうか」

「家族の安否が心配なので、ちょっと抜けてもいいか」

村上は、そのすべてを却下した。

「一切まかりならん。山を下りるなと伝えろ」

村上は頑《かたく》なだった。

カッとなった従業員から、こんな言葉が浴びせられた。

「風邪ひけって言うのかよ」

「生意気な口叩くな」

中には村上より年配の従業員もいる。主任ごときが何だという気持ちもあったのだろう。しかし、抗議を受けても、村上は従業員が山を下りるのを決して許さなかった。ひとりでも許可すれば、次々と人が下りていくことは目に見えている。

「これは業務命令ですから。絶対に山を下りないでください！」

従業員の中からは、「なんだよ」という不満の声が聞こえた。

村上は「命令」という言葉を口にして従業員を引き留めた。

「業務時間内なので、会社が身柄を拘束できる。そんな理屈を言うしかなかったんです」

しかし近隣の住民の中には、ぽつぽつと山を下っていく者も出始めた。村上の知り合いもそのひとりだ。その様子を見て、村上は慌ててとめた。

「今回はきっと津波が来ます。今、下りていったら危ないですよ」

だがその人は、「でも、家が心配だから。ちょっと行ってきますね」と言うと、大丈夫、大丈夫と言わんばかりに軽く手を振って、ゆっくり山を下りていった。

その遠ざかっていく後ろ姿を、村上は忘れることができない。その人は日和山に止めた車を再び取りにくることはなかった。

一五時四八分、地震発生から約一時間後。ゴゴゴゴゴ……という異様な音が聞こえた。

村上が海の方向に目をやると、約一キロ離れた海に土煙が上がり、真っ黒い壁が立ち上がったかと思うと、それが街を押し潰すところが視界に飛び込んできた。眼下に見える家々は、一階部分がまるでダルマ落としのようにひしゃげ、二階部分のみがちぎれて玉突き状態で流れてくる。

村上には、津波を見てから足元まで水が来るまで、ほんの一瞬のできごとのように思えた。

「うわあ、津波だー。逃げろー」

日和山の下には車列が見える。津波に気づかないのか、体がすくんでしまっているのか、誰も外に出ようとしない。

「車を置いて逃げろっ、こっちに来いっ」

村上は必死になって呼びかけたが、誰ひとりとして車から出てこなかった。

カメラマンの高橋が、日和山方面に続く階段を駆け上り、後ろを振り向くと、もう津波とともに瓦礫の山が押し寄せていた。

「ウソだろ？」

そう叫ぶと夢中でシャッターを切り続けた。海は様々なものを呑み込み、ますます膨れ上がっていく。

黒い水は正門前の道路に並んでいた車を呑み込んだ。けたたましいクラクションがいくつも重なりあって鳴り響く。さっきまでそこにいた人々が一瞬にして海に沈み、二度と浮かんでこなかった。


日和山の入り口にある日本製紙の独身寮、南光寮《なんこうりょう》脇の坂道では、一台の車が波に押し上げられ、山肌にぶつかって陸に上がり、中からは、何が起こったのかわからないといった表情の男が転がり出た。

後ろの車は、途中まで坂道を上がってきた黒い波によって、いったん押し上げられたが、今度は引き波で海中に引きずり込まれた。

津波は止むことなく、勢いを増して、二波、三波と押し寄せてくる。

村上の眼下を大型トラックが波に翻弄《ほんろう》され運ばれていく。一瞬運転手の顔が見えたかと思うと視界から消えた。ちぎれた民家の二階部分までもが流されていく。

〈まるで笹舟のようだ〉

理解を遥かに超える事態に頭が追いついていかない。

〈あんなものまで、浮くんだな〉

そんな場違いな感想が頭に浮かんでは消えた。

工場の中堅従業員、調成課の志村和哉《しむらかずや》（38）も、津波が来るのを山の上から目撃した。黒い海が不気味な壁のようになって、家を海側から順番に倒していく。電柱が根元から折れ、電線がスパークしてバチバチッと音を上げた。バキバキッ、メリメリメリメリと何かがちぎれる音や、金属がこすれる音、車のクラクション、助けを求める叫び声、プロパンガスのシューッと抜ける音が混ざりあう。続いてボンッ、ボンッと小さな爆発音があちこちから聞こえた。

ガソリンのにおいがあたりに立ちこめる。目の前では、今まで存在しなかったはずの真っ黒な海が渦《うず》を巻いて、家、車、日用品、人など、ありとあらゆるものを呑み込んだ。何もかもが一瞬にして色を失い、その上に雪が降り続く。

想像を絶する場面に直面すると、心の動きは緩慢になるものなのだろうか。

佐藤憲昭は言う。

「テレビで衝撃映像を集めたバラエティー番組あるでしょ？　あれでスマトラ島沖の津波の映像を見たことがあるんだけど、『あ、あれとおんなじだ』って思ったよね」

一切の感情という感情が、まるでブレーカーが落ちたように喪失していた。

志村も同じだ。

「自分の立っているところは、今までと何も変わらない風景なんです。でも山の下では津波が来ている。まるで映画か何かの合成映像みたいだと思いました」

そして現状の認識が現実に追いついていかなかったことを、志村はこのように証言している。

「女の人の中には泣き叫んでいる人もいました。感性が優れているんでしょうね。しかし、僕の感情は麻痺してしまっていて、まったく恐怖も悲しみも感じませんでした。逆に、おかしくもないのに、気がつくと笑ってるんですよ。極限状態になると、人って笑うんだなと思いました」

村上は叫び続ける。

「下にいたら危ない。上がれ、上がれ」

中腹で呆然《ぼうぜん》としている何人かの社員たちを促《うなが》す。日和山の下の方にある野球の室内練習場からも、避難していた人がワラワラと出てきた。もう誰も避難当初の余裕などなかった。人々が血相を変えて坂を上ってくる。

日和山の住宅地に抜ける坂道には、バンパーが大きくへこんだタクシーが走ってきた。

きっと前の車に体当たりして無理矢理道を確保して、逃げてきたのだろう。その車の上がってきた道に後続車はなかった。

村上は従業員たちの安否を確認していった。ボイラーの玉井と部下たちも山に上ってきている。

しかし、時間がたつにつれて事態の深刻さが明らかになる。

カメラマンの高橋が村上に向かってこう言った。

「俺の後ろは全員ダメだ」

彼の後ろには村上と同じ総務課の佐藤隆《さとうたかし》（48）と、守衛長以下四人の守衛たちがいたはずだ。

最後まで声を張り上げて、構内で避難誘導していた五人の姿が目に浮かんだ。

「逃げれー」「逃げれー」と必死になって叫んでいた彼らは、あの水の中なのか。

〈本当にいないのか……〉

工場内に流れ込む津波の凄まじさが目に浮かぶ。村上は工場の方を振り返った。雪は無情にも降り続いていた。

「誘導してくれてたのは見たけど……」

沈痛な声が漏れる。工場はすでに押し寄せた瓦礫と泥水に埋もれ、もはやどこに正門があったのかもわからない。

村上は、住民たちでごった返している避難所に行き、人の群れをかきわけて安否を確認して回った。

しかし、彼らの行方はいつまでたってもわからなかった。

2

その日、東京上空は晴れ渡っていた。

日本製紙の本社は、現在は移転して御茶ノ水にあるが、当時は竹橋の毎日新聞社ビル裏手にあった。社長の芳賀《はが》義雄《よしお》（61）は、本社ビルの一六階にある社長室にいた。社長室は角部屋にあり、正面には皇居が見え、右手には武道館があった。

一四時四六分、突然グラグラッと激しい揺れが来た。

〈いつもと揺れが違う〉

芳賀はそう感じた。横揺れの地震にビルが大きくしなる。そろそろ止まるかと思えたが、繰り返し、繰り返し、揺れは続いた。執務室の机は窓側にある。机はズズッと流れて、窓の方へとせり出していく。揺れるたびに下界の風景が近づいてくる。

こういう時、高層ビルの窓ガラスは心もとなく感じる。足元までの一枚ガラスが割れて、そのまま放り出されるのではないか。芳賀はそんな恐怖を覚えた。

ようやく収まって外を眺めると、九段会館の中からぞろぞろとたくさんの人が出てくるところだった。九段会館では、天井の崩落事故で死者が出ていた。

「震源地はどこだ？」

社長が秘書室に行くと、秘書からは「どうやら東北のようです」という返事があった。日本製紙は宮城県内に石巻と岩沼《いわぬま》のふたつの工場を持っている。以前にも地震で被害があったため、芳賀は「情報を集めてくれ」と、指示を出した。しかし、携帯電話も固定電話もつながらず、被害状況がまったくわからない。芳賀は秘書や営業部の部長とともにテレビの前に集まった。

やがてテレビ画面から、「津波です。津波です」というアナウンサーの上《うわ》ずった声が聞こえたかと思うと、仙台空港に波が押し寄せ、飛行機が水に浸かる場面や、名取《なとり》市内の田園を黒い水が延々と走っていく光景が映し出された。

画面を見ていた社員たちから、「ああ、ああ……」と声が漏れる。あとは声にならなかった。

「石巻は……出ないのか……」

テレビで石巻の状況を伝えるものはない。

かつて芳賀は石巻工場に部長として五年間勤務していた。工場のことは隅から隅まで知っていた。

その時彼は、工場の先輩から聞かされた津波の話を思い出していた。

「昔、俺が小さかった頃、チリ地震があってさ。北上川の水位がスーッと低くなって、川底が見えたことがあったんだよ。泥の中には、とり残された無数の魚がピチピチと跳ねていたそうだ。人々はバケツを持って川底に降りると、魚を拾って歩いた。それは、それは、たくさんの魚が採れた。もうちょっと、もうちょっと……。人々は夢中になって、海に向かって歩いていき、沖合まで行った。するとそこに津波が押し寄せ、魚を採りに出た人はみな、津波にさらわれて死んだんだ」

テレビ画面は次々と切り替わり各地域の被害状況を映したが、一向に石巻の映像は出てこない。芳賀が秘書に尋ねる。

「石巻はどうなってるんだ?」

「電話がまったく通じないようです」

「こっちもダメです。社員にかたっぱしから連絡入れています」

「衛星電話はどうだ？」

「出ません」

「どんな手段でもいい。一刻も早く情報を確認しろ。まず、安否確認と被害の状況を報告するように」

　石巻はきっと津波に襲われている。

　芳賀には、そんな予感があった。

〈これから大変なことになる〉

　やがて画像とともにメールが入る。意外なことに、届いたのは関西営業支社の営業部からだった。

　時刻　一六時三三分
　差出人　近藤政彦（関西営業支社）
　件名　石巻被害状況（第一報）

先ほどご連絡いたしました石巻工場の地震被災状況につき、第一報をご連絡いたします。

二〇一一年三月一一日 一六時〇〇分、製品課／吉田氏の携帯に奇跡的につながる。

（子どもを学校へ迎えに行く途中であった）。

・三〜四ｍの津波の影響で、石巻工場が水、瓦礫、車で埋まっている。

・見たところで言うと、当面使い物にならない状況。

・従業員は石巻工場横の日和山に避難している。

・石巻駅にも水と瓦礫、車の山が流されてきている。

・本人はパニック状態。焦っていたため上記の確認にとどまる。

以上

それが石巻の状況を伝える第一報だった。東京の回線は混んでいてパンク状態だったが、関西の電話回線は余裕があったのだ。近藤のかけた電話だけが奇跡的につながった。画像については、山口県の岩国工場経由で送られてきたものだった。

それを見た秘書が青ざめた顔をしている。

「社長、正門前の信号機だそうです」

芳賀はそれを見て絶句した。高さ四、五メートルはあるはずの車道の信号機が、水面からわずか数十センチ上にあった。

「これは……。正門はこの水の下か」

芳賀はこの時、石巻工場が壊滅状態であると確信した。

関西と石巻はそのあともやり取りがあり、その情報が東京へと送られた。

「従業員は？」

「五名が行方不明だそうです」

「引き続き安否を確認するよう指示してくれ」

「わかりました」

いまだかつて日本製紙が直面したことのない事態が起こっている。芳賀はすべての工場、支社の被害状況を報告させた。石巻にいる同僚の顔が次々と頭をよぎっては消えた。

東京は電車が止まり、交通がマヒしていた。芳賀は、近くに家がある者、家族が心配な者を家に帰らせ、それ以外の者に対しては、「とにかくどんな方面からでもいい、正確な情報を集めるように」と指示を出した。そして翌日の一〇時に災害対策本部を立ち上げることを宣言すると、芳賀以下多くの社員が泊まり込みで情報収集にあたった。

石巻では雪がやみ、急速に日が暮れてきた。

村上ら従業員たちは、津波のショックと寒さで体力を奪われていった。彼らは、日和山にあるハローワークや近隣の中学校などに分かれて避難した。

ほとんどの者が真っ先に心配したのは家族の安否だ。携帯はつながらないし、日和山の下まで水が迫り、探しに行こうにもなすすべがなかった。

〈妻はどうしているだろうか?〉〈親は避難できているだろうか〉〈子どもは無事か?〉

水が比較的浅かった地域に住む従業員たちは、体が濡れるのも厭《いと》わず戻っていった。家族と離ればなれになった者たちは、ただひたすら無事を祈るよりほかになかった。

この日の日没は一七時三七分。今まで街があったところは、瓦礫と水で埋め尽くされていた。薄い雲に覆われて、ぼんやりと見えていた太陽の光は次第に弱くなり、水没した場所から夜が忍び寄ってくる。この地ではかつて見たこともないような暗闇だった。

その頃村上は南光寮脇で救助にあたっており、当時の様子をこう述べている。

「とにかくにおいがすごかった。震災のにおいっていうんですか。木やビニールや人が燃えている。当日と翌日までに五〇人は助けました。そして、その倍の人を見殺しにした。助けられなかったんです。そのことは一生忘れられないでしょう。

火が発生してるんですけど、この火は、最初はバケツ一杯の水をかければ消えるような小さなものでした。火のついた瓦礫は水に浮いてるんです。でも人間が乗っかると、ずぶずぶと沈んでしまう。屋根の上で助けを求める人が何十人といたんですよ。でも、そっちへは行けない。おじいさんだったり、おばあさんだったり、いろんな人がいました。『自力でこっちへ来い』って言うんですけど、なかなか来られない。

　日和山の崖はコンクリートのブロックで覆われているんですが、そこをずぶ濡れになって這い上がってこようとする人が何人もいました。爪を立てて懸命にしがみついているんですが、寒さで体力を奪われているのでしょう。中腹まで来ると力尽きて、ついには水の中へ転がり落ちました。何メートルか先に階段がある。『あっちに階段があるぞ』と呼びかけるんですが、瓦礫に阻まれて近づくことができない。助けてあげたくても、こちらには縄も梯子もない。崖を上ろうとした人は、結局ひとりも上がってくることができませんでした。

　波は一晩に二〇波来た、いやもっとだ、と言う人もいます。最初の波が引いて、次の波が来た時、流された車がショートし火花を上げる。最初は小さな火なんですが、それが壊れた家屋に燃え移る。波が引いてさらに波が来ると、また次のところに燃え移る。そうやって火は大きくなっていきました。

消防には『なぜ自分の家を助けてくれなかったのか』という抗議があったようです。『日和山だけなぜ助けた』と。でも日和山に火がついてしまうと、火からは逃げなければならないし、下には水がある。日和山には一万人ぐらいが避難していたと思います。もし消防が火を食い止めてくれなかったら、それだけの人が逃げ場もなく焼け死んでいたことでしょう。

同じ町内の人が私を捕まえると訴えてきました。『うちのやつから、まだ家の中にいるから助けてくれって、メールが来た』と。家は見えているものの、我々にはどうしようもない。たまたま消防の人が来たので、状況を説明すると、彼は防火服を脱いでヘルメットを外し、腰にロープを巻きつけて言うんです。『これから家の中へ救出に行く。もし、何かに引っかかるようなことがあったら、何でも引っぱってくれ』

家は潰れていて、呼びかけても中からは声もなかった。それでも消防士は水に浸かった家の中に匍匐《ほふく》前進で入っていきました。やがて、『発見！』と叫んだんです。

奥さんは腰から下が家の間に挟まっていました。『綱を引け！』という消防士の声に合わせて、とにかく力いっぱい引きました。その時は『ギャー』とか『うー』とかいう声が上がったんですけれど、奥さんを引き上げることには成功しました。奥さんは明らかに何箇所も骨折していた。

病院に運び込もうと、消防士が無線連絡すると、病院からは『もうベッドがいっぱいだ。あちこち泥だらけで、こちらに運び込んでも衛生的に寝かせておけない。日本製紙さんの方が清潔な施設だろうから、そちらで預かってくれ』と言われたそうです。

そんな人がいっぱいいました。全身ドロドロで口だけ水面に出して助かった人、手がもげている人、いろいろな人を助けたんですけど、助けられなかった人もいて……。あの光景が目に焼きついて離れません……」

水面には瓦礫が浮かび、いたる所からうめき声や、悲鳴が聞こえてきていた。

「お願いよー、早く来てー。ここにいますー」

「助けてくれー」

方々で悲痛な叫び声が聞こえる。言葉として聞こえることもあったし、すでに「あー」「あー」と言葉にならないこともあった。だが、姿が認められたのは一握りだった。もっとたくさんの人が瓦礫や家屋の中に閉じ込められているに違いない。

海の中に入り、声の方に向かっていけばその主《ぬし》に辿《たど》り着くこともできるかもしれない。

〈まだ、生きている〉

〈今なら、まだ助けられる〉

そんな思いが村上の頭をよぎった。しかしこの寒さだ。水の中に入って誰かを助けようとすれば、自分が溺《おぼ》れて二次災害に遭ってしまう。

漏れ出した化学物質のにおいも鼻をついた。誰もがそのにおいに、恐怖を感じた。スパークした火花が車のガソリンに引火したのか、突然ボンと爆発音がして火が瓦礫に燃え移る。オレンジ色の不気味な炎がパッと吹き上がった。火は瞬《また》く間に風に煽《あお》られ、大量の黒煙を吐きながら大きくなっていく。足元は凍りつくような海。そして海の上には炎が渦を巻いて燃え上がる。

あそこにはまだ救助を待っている人たちがいる。

〈許してくれ〉

村上は心の中で手を合わせた。

調成課の志村はどんな様子になっているのか山の下まで降りていって、すぐに後悔した。屋根の上に年寄りや若者数人がしがみついて救助を待っている。見ると、顔見知りの同僚たちが危険を顧みず、水に入って救助をしていた。

近づいていこうにも、足がどうしても前に進まない。志村は生まれて初めて恐怖で足がすくむという経験をした。海の中にはガソリンが浮かんでおり、小さな炎がそこかしこに上がっていた。彼らは常に工場で危険予知活動を行っている。救助に向かえば自分に引火して火だるまになる可能性がある。彼の妻は妊娠しており、初めての子どもが九月に生まれる予定だった。ここで死ねない、ととっさに思った。

助けには行けない。かといって、仲間が救出をしているのに背を向けるわけにもいかない。ただ、見ているしかなかった。何度か屋根の上の人たちに「こっちに来い。ガソリンが引火するぞ」と呼びかけたが、恐怖心からか、誰も動いてこようとはしなかった。若い人もいたが、やはり水の中に飛び込もうとはしない。

志村はほかの人が救出した何人かの手を引っ張って岸に上げると、再び「早く逃げろー」とただ叫んだ。叫んでいることで、罪悪感を払拭《ふっしょく》したかった。ほかにできることは何もなかったのだ。そのうち火の勢いが大きくなり陸側の人間はみな逃げることになった。

〈この地震で人が死ぬのだ〉

彼は数歩後ずさりすると、苦いものをかみしめるようにして道を引き返していった。

鈴木啓之《すずきひろゆき》（43）は、まだ三〇代の半ばぐらいに見えるが、年上からも年下からも信頼を寄せられている、六〇〇名の組合員を束ねる労働組合の支部長である。彼は石巻で生まれ育ち、高校を卒業すると、父親と同じ日本製紙の社員になった。石巻という町にも、日本製紙にも誇りを持っていた。

鈴木の家は、日和山の中腹に建っている。日本製紙の規定では、五〇歳を過ぎると社宅の利用ができなくなる。そこでそろそろ家を建てようかと考え、家を新築したばかりだった。震災は引っ越してからわずか六日目のことだった。

鈴木は越してきたのをきっかけに、眼下の風景を何枚も写真に収めていた。彼の写真の中にある南浜・門脇《かどのわき》地区は、赤や青の屋根がのどかに連なり、家々の庭先にはちらほらと赤い椿《つばき》が咲いて、暖かな光を浴びていた。低い屋根の続く先には、日本製紙石巻工場が見える。真っ白い蒸気をたなびかせた見慣れた光景だ。

それは一瞬にして失われてしまった。庭の先まで津波が押し寄せ、目前には瓦礫が折り重なった光景が広がっている。

家に戻った鈴木は、地域住民たちと瓦礫の積もる水の中から五、六人を助け上げた。水を飲んだのかもしれない。弱って元気のなくなった老人がいたため、慌てて彼らを家に上げた。しかしそれでも老人たちは急速に体調を悪化させていき、ひとりは唸《うな》り声を上げながら失禁し、もうひとりはピクリとも動かなくなった。たまたま通りかかった市の職員を呼び止めて事情を話すと、市の車が迎えに来て、その人たちを連れていった。

老人たちがどうなってしまったのか、その後の安否は不明だ。

家の前一〇メートルが生と死の境だった。オレンジ色の炎と、耐えきれないほどの熱気が迫ってきている。家にも燃え移らんばかりだ。

深夜になって庭先に消防隊がやってくると、まだ火の移っていない鈴木の家に放水をしようとした。その時消防隊員はこう断ったのだ。

「新築ですね。延焼しないように放水してもいいだろうか」

それを聞いて、こんな現場でも人を思いやれるのかと、鈴木は心打たれた。

消防士たちは日和山に残されたホースをつなぎあわせて、近くの高校のプールから給水し、ポンプ車から放水を続けていた。だが、筒先からはほとんど勢いのない水が出るだけで、火の勢いを食い止めるにはほど遠い。

それでも消防隊員は必死になって火を消そうとしていた。それを見て、鈴木が思わず話しかけた。

「ご自宅は大丈夫ですか？　ご家族は？」

消防隊員は、鈴木にこう答えた。

「地震発生と同時に出動命令が出て職務についているのでわからない。多分、自宅は全壊でしょう。せめて家族が無事に避難していることを願っている。今は市民の生命と財産を守ることが我々の仕事です」

炎の迫る場所からは、「ここよぉ、早く来てー、助けてー」と叫ぶ女性の声、「あぁ、あぁ〜」と唸る男性の声、そして言葉では形容しがたい子どもの声がした。

「夜になると真っ暗で、瓦礫に阻まれて姿が見えないんです。炎が上がると、『いやあああぁぁぁぁぁ』という断末魔の絶叫が聞こえてくる。とても表現できないような声です。それが頂点に達したかと思うと、徐々にフェイドアウトして聞こえなくなるんです。声の中には、子どものものもありました。助けようにも、どこから声がするのかわかりません。私はなすすべもなく、ただ手を合わせることしかできなかった」

年老いた両親に両脇をかかえられ、女性がよろよろと庭に入ってきた。その人は燃えさかる炎に向かって身を乗り出すと、何度も、何度も、声を張り上げて子どもの名前を呼んだ。

「どこにいるのー？　お母さんよ、お母さんはここよー。返事をして、お願い、返事をしてー」

彼女の声は嗄《か》れるまで続いた。

「どこなのー？　どこなのー？　お願い、早く返事してー」

年老いた夫婦は、なすすべもなく娘の体を支えていた。

鈴木にも津波に呑まれた街に身内がいる。八〇代の叔父と叔母だ。

鈴木は地震の直後、車でふたりを迎えに行っている。

「じっち、ばっぱ。大津波警報だってよ。迎えに来たから早く逃げるよ」

彼はそう呼びかけたが、ふたりは「自分たちは大丈夫だから、あんたは仕事に戻りなさい」と鈴木に促《うなが》した。

そこで彼は「津波が来たら二階に逃げるんだよ」と言うと彼らを残して、その場を立ち去ったのだ。

しかし、彼らの家は波に呑まれ、生きて再び会うことはなかった。

「無理やりにでも連れて逃げていればよかった」

鈴木は自責の念にかられている。


日和山の上に建つハローワークで一夜を明かした社員は言う。

「そこから海は見えませんでしたが、街が火事になっていることはすぐにわかりました。何しろ夜空を映す窓ガラスは一晩中オレンジ色だったから」

彼は生死の分かれ目についてこう述べた。

「ちゃんと恐怖心を持つことじゃないでしょうか。きっと家族は逃げていると信じて、とにかく個人で、高台に逃げることです」

その社員もまた津波でいとこを亡くしている。だから、そんなつらい体験を繰り返さないでほしいと、言葉を継いだ。

石巻工場から五キロ離れた蛇田《へびた》地区で夜を明かした別の社員は、その夜に飛び交った噂についてこう話す。

「周囲では、石巻工場が燃えているという噂がすごかったです。だって、可燃性の薬品もある中、工場が燃えない理由がない。構内からは車が五〇〇台見つかって、そのうち外から入ってきたのは二〇〇台でした。工場が燃えなかったのは、奇跡みたいなものです。あの時、火事になっていたら石巻工場の再建はなかった」

3

翌朝、村上が従業員とともに工場の様子を見に山を下りていくと、あたりは不思議な静けさに包まれていた。

「日本製紙石巻工場」という看板だけがわずかに確認できるが、あとは膨大な家々の破片、潰れた車、倒れた信号機などが折り重なるように正門付近に流れついており、堆積《たいせき》物《ぶつ》の上にうっすらと白い雪が積もっている。

動くものが何もない中、構内の瓦礫をかきわけて、高齢の女性がふらふらと歩み出てきた。村上はそれを見てはっとした。たぶん、工場で一夜を過ごしたのだろう。

「そこは危ないぞー。こっちに上がってきてくださーい」

村上が大きな声で呼びかけても反応がなかった。見ると表情も虚《うつ》ろで、目の焦点が合っていない。女性はぶつぶつと何かをうわごとのようにつぶやきながら、歩いている。最初はよく聞き取れなかったが、耳を澄ませると、「おじいさんが……、おじいさんが……」と言っているように聞こえた。

やがて女性は、放心状態のまま、どこかへ歩いていってしまった。

のちの捜索で、構内に流入した大型トラックの幌《ほろ》の上に、年配男性の遺体が発見された。ふたりはそこで一夜を過ごし、男性だけが低体温症で亡くなったのだろう。男性の顔はきれいだったが、凍えたような表情をして丸まっていた。傍《かたわ》らには、もうひとり誰かがいた痕跡《こんせき》があった。そのひとりぶんの空白が、ふたりで最後まで寄り添いあっていたことを物語っていた。

女性がいなくなると、再び静寂《せいじゃく》が工場を包んだ。

〈五人はどうしているだろう〉

村上は、構内を見つめた。安否確認は困難を極めていた。あいつを見た、こいつを見たと言っても、見たような気がしているだけだった。みな寝ていないし、食べていない。誰もが疲労困憊《こんぱい》していた。

カメラマンの高橋は、日和山の駐車場に止めてあった車の中で夜を過ごした。

「夜は寒くてね。ガソリンがほとんどなかったものだから、ちょっとだけ暖房をかけて、すぐに止めて寝るんですが、明け方にもう一度寒くなって暖房をつけました。車は鉄だから冷えるんだね」

夜が明けると、天候は一変していた。一夜にして瓦礫の山となった街は、この世の終わりのような光景だった。しかし、高橋が仰《あお》ぎ見ると、そこに真っ青な空があった。

〈とっておきたいほどの青空じゃないか〉

人の命を呑み込んだ瓦礫だらけの水にも、薄青い空が映り込んでいる。静かだった。もう桜も咲こうかというほど、暖かくておだやかな日だった。

『良き日でございます』とあいさつしたくなるほどいい天気だったんですよ。ああ、……ちくしょう。あの日、空はそっくり取っておいて売りたくなるほどきれいだった」

海沿いにあった街は、何もなくなってしまっていた。高橋の家は工場の西側にある。

〈全壊しているだろうな〉

そう彼は確信していた。

「私は足が悪いんですが、工場内のボイラー付近の被災状況を撮りに行きました」

もしもここで津波が来たら、隠れるところはない。

次に津波が来た時は死ぬなあ、と思いながら、写真を撮り続けた。

鈴木組合支部長の家は奇跡的に焼けずに残ったが、彼の家の庭から先は海になっていた。

遠くに見える市営住宅の窓は割れて黒い穴のように見える。

その中からは「助けてえ……、助けてえ……」という声が朝日とともに聞こえ始めていた。

秋空に舞うトンボのように、ヘリが上空にバラバラと音を立てて飛んでいる。空に向かって「あそこだー。助けてやってくれー」と叫んで、必死に手を振り続けたが、ヘリは降りてきてくれなかった。

鈴木はヘリを見つめながら思っていた。

〈こちらからはヘリが見えるのに、向こうからは見えていない。それと同じように、あの割れた窓の中から、自分の姿は見えているんじゃないだろうか。そして、いくら助けを呼んでも助けにきてくれない私を、無念の思いでじっと見つめているんじゃないだろうか〉

助けを呼ぶ声は次第に弱々しくなり、震災発生から三日目の朝、その声は鈴木の元には届かなくなった。

ほどなくして、高齢の男性が鈴木の庭にぶらっと入ってくると、ぼんやりと被災した街を眺めてたたずんでいた。

しばらく所在なげに眼下の様子を眺めていたが、何を思ったのか、ズボンのチャックをやおらおろすと、男は南浜町に向かって立小便を始めた。黄色い水が放物線を描いて飛んでいく。

鈴木はそれを見つけると庭に降りていった。

もう取り戻すことはできないが、そこにはほんの少し前まで、赤や青の屋根をした民家が連なって、幸福そうに家族分の洗濯物がはためいていた。

鈴木は、静かにこう語りかけた。

「おじさん。この水の中ではね、たくさんの人たちが、いまだに寒い思いをしながら、引き上げてくれるのを待っているんですよ」

男はそう言われて、一瞬ひどく恥ずかしそうな顔をすると、体を縮こまらせて「それは悪かったです。申し訳なかった」と言って、頭を下げながら立ち去っていった。

工場の構内には何が流入しているかわからない。危険な薬品も貯蔵されており、それが津波の勢いで流出している可能性もあった。迂闊《うかつ》に近づくなというのが幹部たちの意見だった。

しかし、残る行方不明者の捜索のため、五名の選抜隊が結成されて構内の視察に駆り出された。志村はそのひとりだ。

水はまだ引いていない。うずたかく積もった瓦礫を渡るようにして、五人は構内に入った。

どこから手をつけていいのかわからない状態だった。瓦礫に阻まれ、五、六〇メートル入ったところで、引き揚げざるをえなかった。

志村は率直にこう言った。

「あれを見て、工場が復興できると思った人は誰もいない」

工場の一階部分はすべてが泥水の中に埋まり、その上に周辺地域から流入してきた瓦礫が二メートルは積もっている。電気が通っていない建屋内は真っ暗で、何が流入しているのか、まるで予測がつかなかった。

彼らは、同僚に依頼された常備薬を取り、途中で事務所の台所に鍋があることに気づき、それも背負って場外へ出た。

鈴木もその後構内に入っているが、当時のことを、こう述べている。

「一〇〇キログラムもある金庫が天井に引っかかっていたんです。もう、自分の力ではどうしようもないとあきらめて外に出ると、建物の前に、男性が下着姿でうつぶせになって亡くなってました。私はその後、車の中などからも七名の遺体を見つけることに……」

発見された遺体は、ほとんどがうつぶせだった。

日和山の中腹にあるクラブハウスを緊急対策本部にして、社員たちは集まった。クラブハウスは瀟洒《しょうしゃ》な造りで、普段は外部からの客を迎える迎賓館《げいひんかん》のような役割を果たしている。

彼らは従業員たちの安否について報告をした。当時工場内で作業をしていた各課は、すべて避難していた。しかし総務課と守衛室だけは違っていた。最後の最後まで声を嗄《か》らして避難誘導をしていた五人の行方だけが、どうしてもつかめない。

目撃談を総合すると、五人は工場に取り残されたらしい。

重苦しい空気がその場を包んだ。

言葉少なに、彼らを工場に取り残してしまった無念が語られた。

「あんなに、一生懸命誘導してくれて……」

本社にも行方不明五名の連絡をして半日がたつ。

「かわいそうなことをした……」

特に村上は悔やんでも悔やみきれない気持ちでいた。

避難誘導をする際に村上と佐藤隆は、お互いの動きを見て、無言のうちに役割分担を了解しあった。

〈俺が上で誘導する。だから隆は……〉

隆は、わかった、まかせておけ、とでもいうように、下にとどまった。あの時の顔が瞼《まぶた》に焼きついて離れない。村上は最後に残る者の危険など、考える余裕がなかった。

　そこにふらりと数人の人影が現れた。

　従業員たちは、一瞬幽霊を見たような顔をして、ぎょっとしたまましばらく固まった。目の前に立っているのが誰だか、すぐにはわからなかった。

　遅れて大きな叫び声を上げた。

「あっ！」

　幽霊ではなかった。

　最後まで安否がわからず行方不明になっていた佐藤隆、守衛長、守衛三人の行方不明者五人。最後の生存者たちだ。

「隆さん……生きてた！」

　涙まじりの安堵《あんど》のため息とともに、「よかった……」という声が漏れた。

　ところが、その声を聞くと、今度は隆が泣き出しそうな顔になり、そこにいた社員たちにすがりつくようにして声を漏らした。

「ひとりだけ、消防副隊長がいないんです。消防副隊長が……」

　彼らとともに避難誘導をしていた消防副隊長のことである。

　その場にいた従業員たちが微笑むと、隆の肩をポンポン叩いた。

「大丈夫、大丈夫。彼なら津波が来た時に、とっさに日和山に逃げて助かっていますよ」

日和山の近くに立っていた彼ひとりが、場外へ逃げていたのだ。

佐藤隆は、全身の力が抜けたようにして体をかがめて膝《ひざ》に手を置くと、初めて表情をくずして、自分が生きていることを確認するかのように笑った。

「私たち……、生きてますから」

三月一一日、日本製紙石巻工場で働いていた従業員は、こうしてひとりも命を落とすことなく生存が確認された。

一三〇六名、全員無事。このことは、何かひとつの条件でも欠ければ成立しえない、無数の偶然の上に成り立っていた。

第二章　生き延びた者たち

震災直後の工場正門前

三月一二日、最後に生存が確認された総務課の佐藤隆の身には、震災の日に何が起きていたのだろう。

話は当日に戻る。隆はどちらかというと、物静かな話し方をする男だ。一見したところ、特にスポーツマンタイプにも見えない。どこにでもいそうな従業員の口から淡々と語られるできごとは、実際にあったこととはにわかに信じられない。

震災直後、隆の頭にも津波のことはなかった。ただ、総務課の先輩から「地震の時には排水ポンプが止まって、水があふれるぞ。マンホールのふたが飛ぶから、気をつけた方がいい」と言われたことを思い出していた。

彼の仕事は主に人事と労務だ。何かあったらただちに災害対策本部を立ち上げて、避難誘導しなければならない。

隆が別の場所から事務所に戻ると、すでに全員の避難が完了したらしく、がらんとしている。

いつもの場所に衛星電話がなかった。誰かが避難用にと持ち出したのだろう。

〈長丁場になるぞ〉

隆は濃紺の防寒着を羽織《はお》った。

外に出ると、数十メートル先に避難していく従業員たちの一群が見えたので、隆は正門脇の守衛室に走っていった。先輩の言っていたとおり、守衛室の前に水があふれていたため、そこを渡れるように守衛たちが梯子を横にして、橋をかけている。

隆は、守衛室に入って拡声器を持ち出すと、従業員の列に向かって呼びかけた。

「こちらから通れます。どうぞ、こちらを通ってくださーい！」

すると、守衛室内でかけっぱなしにしていたラジオから、こんな声が聞こえてきた。

「今、入った情報です。女川《おながわ》で津波が発生した模様です。情報によりますと、軒下《のきした》ぐらいの津波で……」

隆は守衛と顔を見合わせた。隆は拡声器で声を張り上げると、従業員たちを急がせた。

「急いでー。こちらを通ってくださーい」

「逃げれー、逃げれー」

しかしこの時になってもなお、誘導している隆本人がまだどこかで楽観的だったのだ。のちに彼はこう語っている。

「女川の第一報を聞いても、大きな津波は来ないだろうと思っていました。なにしろ半島がありますから、そこを乗り越えてそんなに大きなものは来ないなと……。でも、何でそう思ったのか、自分でもわからないんですけど、同時にこうも思っていました。バレーボールのネット、つまり二メートル四〇センチぐらい上がれば助かるなと。これはもう直感としか言いようがないですね」

人の流れはようやく途絶えた。残ったのは守衛長、守衛三名、消防副隊長、そして隆の六名だ。

隆は持ち出した備品の点検をしていて、懐中電灯がつかないことに気がついた。スイッチを入れても、カチッ、カチッというばかりで、点灯しない。

「あれ、懐中電灯つかないですね」

「ああ。電池切れてんな。新しいのを持ってきましょう」

守衛長が備品倉庫に電池を取りに行った。その間、守衛のひとりは守衛室の中にいて構内放送をし、あとの三名は守衛室の外に立ち、守衛長が帰ってくるのを待っていた。

そして、消防副隊長は一番正門側にいる。

電池を取りに行った守衛長が、数分して隆の方に戻ってくるのが見えた。

構内はマシンもすべて止まり、静まりかえっている。見渡す限り彼らのほかに人影はない。

〈全員逃げたようだ〉

その時、突然正門前の公道で、けたたましいクラクションが鳴り響いた。何事かと思いそちらを見ると、車が一台、後ろ向きで流されていく。

一瞬それに気を取られていると、守衛長の絶叫が響いた。

「津波が来た！」

守衛長が見たものは、遠くの大木が不自然にゆさゆさと揺れ、その背後に巨大な土煙が上がる光景だった。

異様な轟音《ごうおん》があたりにこだまする。足をもつれさせながら、隆は走った。

当初隆らは、TMP（サーモメカニカルパルプ）というパルプの製造建屋に逃げ込むつもりだったが、そこは海岸門から一直線に続く大きな通路に面していた。

守衛室からその方向へ走ると、まともに津波に向かっていくことになる。水はぐんぐんと近づいてくる。隆は進路を変えて緑地帯まで走ると、ストックタワーの点検口についている外階段に飛びついた。

守衛たちは別のタンクの猿梯子《さるばしご》にかじりついて、懸命に昇っている。

隆の目が、迫りくる津波をとらえたのと同時に、黒い波が足元にザーッとなだれ込み、眼下で車や瓦礫が、グルグルと渦を巻いた。

隆のいる階段は鉄製の網になっており、下の光景が透けて見える。足の裏が、すっと涼しくなった。隆が走った距離は四、五〇メートル。もし躓《つまず》いていたら、水に呑まれていただろう。

死を意識しながらも、妙に現実味がなかった。

目の前を車から顔だけ出している人や、車に必死に取りついている人が流れていく。

「車を放してこっちにこーいっ!」

隆は叫んだが、手を離す者はおらず、隆の方に目をやったまま、車とともに流されていく。

隆のいた事務所は木造の平屋で、海に向かってコの字の口を開けた形に建っている。そのへこみの部分にどんどんものが堆積《たいせき》していき、やがてすっぽりと真ん中が抜けた。しばらく梁《はり》だけが残っていたが、それも濁流の中に消えていった。隆が今まで働いていた事務所が、目の前でいとも簡単に壊れてしまった。

隆は消防副隊長の姿が見当たらないことに気がついた。消防副隊長の名も、隆と同じ佐藤だ。隆は、あらん限りの声を張り上げた。

「佐藤さーん、佐藤さーん！」

するとと近くの木が揺れて、「ここにいる。ここにいるぞ！」と声がした。

しかし、それは消防副隊長ではなく、見知らぬ若者だった。どうやら、公道から構内へと流されてきた人のようだ。彼のしがみついている木から、隆のいるストックタワーまでは約三〇メートル。男性は隆の呼びかけに応じて、水の中をもがきながら移動してきた。

原発の作業員だという若者は、手足に大きなけがをしているらしく、痛みで顔をしかめていた。出血がひどく、作業着が海水まじりの血でぐっしょりと濡れている。顔色を見ると、出血のショックと寒さからか、蒼白《そうはく》になっていた。隆は、とっさに首にかけていたタオルを外すと、男の傷口に当てて止血をした。

「頑張れよ！　今助けてやるからな」

男はうなずいた。うずくまる男の上に、水分を含んだ雪が降りかかる。それはシャーベット状になって、男性の衣服や顔、頭髪に張りついた。守衛長らに目をやると、隣のタンクの猿梯子にしがみついたままだ。

〈こんなところで一夜を過ごしたらみな、低体温症で命はないぞ〉

下界は見渡す限り、濁った海に覆われている。それは時間がたつごとに、いよいよ勢いを増してザブザブと音を立てた。とても下に降りられるような状態ではない。

隆は建屋群の上方を仰ぎ見た。地上約六メートルのところには、大小のパイプが四方八方に張り巡らされており、それがパイプラックの中に収められている。

工場内には、たくさんの高圧電線や、燃料、水などのパイプが走っている。これを地下に埋設すると、交換のたびにいちいち掘り返さなければならないので、手間がかかる。そこで工場では、空中に無数のパイプが渡してあるのだ。

ラックは薄い亜鉛板で作られており、人が上を歩くようにはできていない。停電していなかったら感電死するだろう。

隆はもう一度足元を見た。

〈落ちたら死ぬ〉

しかし、猛烈な寒さの中で、ますます体は冷えてくる。あれを伝《つた》って移動するよりほかに生き延びる手だてはない。

隆は防災点検で工場内をくまなく歩き回っており、地上に降りることなく、建屋から建屋に移動するすべを知っていた。

それは驚くべきことだった。構内は一キロ四方と広く、まるで迷路のように入《い》り組んでいる。みな、自分の持ち場については詳しいのだが、工場のすべてを把握している者は、ごく一握りだ。

隆は意を決すると、守衛長たちに呼びかけた。

「あのパイプラックを伝っていけば、N《エヌ》－DIP《ディーアイピー》（古紙パルプ）の事務所まで行けるはずです。あそこまで移動しましょう！」

守衛たちは、隆に向かって、「わかった」と声を上げた。

N－DIPの建屋は彼らのいるストックタワーから、二、三〇メートル先にあった。

隆は、まずストックタワーの一番上まで昇っていくと、そこに渡されているパイプラックに、ひょいと飛び移った。

全員でそこを渡れたらいいのだが、原発作業員は骨が折れているのか、自力で移動することは不可能なようだった。隆は声をかけた。

「待っていて。必ず助けにくるから」

守衛のひとりが、彼に付き添ってその場に残った。

パイプラックの幅は五〇センチほどしかない。下を覗《のぞ》くと水が建屋にぶつかって渦巻いている。

雪は亜鉛板の上に薄く積もり、凍りついていた。亜鉛板はところどころ腐食して穴が開いている。そこに体重をかければ、踏み抜いてしまうだろう。

作業靴を履いていても、ときおりズルッと足が滑る。慌てて板と板との連結部分に足を乗せて、バランスを取った。

津波が音を立てて、民家の屋根を押し流していくのが見える。後ろを振り向くと、守衛たちも、パイプラックの上を歩いているところだった。

やがてN－DIPの建屋に到着した。鉄製の重い扉のノブを回すと、鍵は開いており、中に入ることができた。

建屋は厚いコンクリートで堅牢に造られている。内に足を踏み入れると、今まで見てきたできごとが嘘のように静まりかえっていた。

外の世界はもう取り返しのつかない姿に変わってしまったというのに、ひとたび建屋内に入ると、そこは何ひとつ変わっていなかった。

事務所に入ると、まずそこに置いてあった胸まであるゴム製の胴長を探し出し、隆と守衛はこれを履いて担架を持ち出すと外に出て、水の中を歩き出した。

ザブザブと水をかきわけて、けが人のいるストックタワーまで戻る。そして男性を担架に乗せて再び水の中を歩いた。

あちらこちらに生存者のいる気配がする。

担架は若い原発作業員の体重をずっしりと手に伝えていた。雪は容赦なくまつ毛や頬に降りかかり、一瞬視界がなくなる。雪がまつ毛から落ちると視界が開け、助けを呼ぶ人影が見えた。

「あんなところにも人が……」

ようやくN－DIPの建屋に到着すると、事務所の中へと男性を運び入れた。担架を慎重に降ろすと、男性の様子を見る。ぐったりしていた。

「救出に来てくれるまでは、工場から出られませんね」

「夜を明かさなければ」

「ここは日ごろ使われていませんが、GP（グラウンドウッドパルプ）の建屋に行けば、三交替の人が夜食にと常備している食料があるかもしれない。たぶん直前まで誰かがいたでしょうから、まだ暖かいだろうし、お湯もあるかもしれません」

彼ら五人は防寒着のジッパーを首元までキュッと上げると、黙ってうなずいた。再び建屋の扉を開ける。ひどい寒さが待っていた。

彼らは担架を担ぎ、空中に渡された狭い橋を通る。高所恐怖症の者でなくとも、目がくらむ高さだ。

辿り着いたGP建屋の休憩室は、まるで昭和四〇年代の駅舎のように時代がかった部屋だ。年代ものの古ぼけたガラスの入った扉を開けると、ビニールクロスで貼られた茶色い長椅子と、ありふれた長テーブルが殺風景に並んでいる。

火は消えていたが、まだほんのりと暖かい。何十年もリフォームされていない部屋だったが、その暖かさが身に染みた。外で雪まみれになっていた彼らにとっては命を救う避難所だった。

隣にはロッカー室があり、灰色の古いロッカーが並んでいる。ロッカーの上には、ピンクや茶色の仮眠用毛布があった。

「助かった……」

原発作業員を寝かせると、現場事務所から救急セットを取ってきて応急処置をした。そして低体温症を防ぐために、彼に毛布をかぶせた。

一夜を明かす場所を確保すると、彼らは疲労と雪で重くなった体を引きずって、緊急避難用に装備していた縄梯子を取りに行った。

再び鉄製の扉を開ける。冷気が体を一瞬で凍えさせた。

「助けてー」「ここだー」と、生き残った人々の声が聞こえてくる。隆の方を向いて弱々しく手を振る人もいた。

「あそこ、あそこ」

守衛が声をかける。近くの車庫の上で若い女性が懸命に手を振っている。

「待っていてください」

近くまで行くと、持っていた縄梯子を女性に投げた。最初はうまくいかなかったが、何度か試みているうちに、やっとその人に届いた。女性はそれを手繰《たぐ》り寄せると、いったん水に浸かりながら自力で昇ってきた。見ると二〇代のようだ。

隆たちは手を差し伸べて、そのずぶ濡れの体を引き上げた。

「入って、早く」

女性を休憩室に連れていくと、着替えと毛布を渡した。再び外に出る。

ほかにも、守衛所近くの駐車場には三人、受水槽がある駐車場の南に五、六人がいることがわかっていた。しかし、そこまでは遠すぎる。

その光景を見て、隆は絶望的な気分に打ちのめされた。

「なんとか、ならないのか……」

日は急速に暮れてきた。彼らはついに救助を断念して、休憩室に戻った。

休憩室には、インスタントコーヒーが備えてあった。隆は、インスタントコーヒーをカップに入れると、ぬるくなった電気ポットの湯を注いで、それぞれに渡した。

飲むと、食道を伝わって、胃の中へ温かいものが流れていく。体が温まってくるにつれて、自分は生きているのだ、と実感した。

夜はあっという間にやってきた。

見渡す限りまったく灯《あか》りはない。電池を交換したばかりの懐中電灯をつけて、その周りに集まった。外からは、車の盗難防止用のブザーとクラクションが聞こえてきている。ロッカーにあった作業着を借りて着替えると、夜勤者用の毛布をかぶり、めいめいが丸まって長椅子に座り、寒さに備えた。誰もが黙っていた。

そのうち、救助された女性が、津波に呑まれた時のことを少しずつ語り始めた。

「工場の外を車で走っていたら、突然津波に流されたんです。ここまで運ばれてくると、車ごと水底に沈んじゃって。慌てて外に出ようとしたんですが、頭上を見ると、たくさんの瓦礫がすごい速さで流れてくるところでした。水面に上がると危ない、ととっさに思ったんで、瓦礫の流れが途切れるまで、水の中で待ってることにしたんです。それで大丈夫そうになってから、水面に上がってきて、車庫の屋根によじのぼりました」

「なんと、冷静だったなあ」

聞いていた者たちは声を上げた。

そしてまた、長い沈黙が続いた。黒々とした闇が覆いかぶさってくる。興奮状態なのか眠れない。隆は何度も携帯で妻に電話をかけた。つながらなかった。

外からずっと聞こえてきていた車の盗難防止用のブザーが唐突に止んだ。

さらにほかのクラクションの音も、ひとつずつ消えて、最後のクラクションが止んだ。まるで何かの生き物の断末魔が止んで、死を迎えたように感じられた。助けられなかった人たちの、自分を呼ぶ声が耳にこだまして、離れない。隆は毛布をかぶり、携帯を握りしめていた。

隆が夜通し思っていたのは、「死ねない」ではない。

「死なない」だった。

〈家族の顔を見るまでは、絶対に死なない〉

眠れない。携帯電話の液晶を見ると、午前四時。再び妻に電話をかけた。電話はコールしている。つながった。隆は妻に語りかける。

「もしもし、俺だ。大丈夫か？」

「うん。大丈夫」

「もしもし……。生きているから……。こっちは大丈夫だから……」

電話の向こうから妻の声がする。

「こっちも全員無事よ。余震が怖いからみんなで車の中で寝てる」

「状況がよくなったら、そっちに帰るから」

「うん」

命綱の携帯だ。手短に用件を言うと切った。

〈よかった〉

隆はぎゅっと携帯を握りしめた。胃のあたりから苦いものがこみあげてくる。自分が生きていることを実感すればするほど、外にいる人々の表情が思い出された。隆はまんじりともせずに夜を明かした。


あたりがようやく明るくなった頃、彼らは再度、生存者の救出を試みた。

守衛長が、あたりに散乱していたパレットを集めてきて、足元に敷きつめる。隆たちは毛布とブルーシートを脇に抱え、部屋で見つけたチョコレートをポケットに突っ込むと、パレットの上を歩いてなんとか給水ポンプに辿り着いた。

給水ポンプの上では、すでに高齢の女性がこと切れていた。あとのふたりも、もう移動できるような状態ではない。

「そのうちきっと助けが来る。頑張ってください。気をしっかり持ってくださいね」

毛布を二重に、さらにブルーシートをかぶせると、懐から取り出したチョコレートをその手に握らせた。

さらに、もうひとりのところへ行こうとしていたその時、従業員で組織された捜索隊が五人を見つけた。

「ご無事だったんですね！　よかった。こちらに道ができています。こちらから外に出られます」


隆が家に戻れたのはそれから二日後の月曜日のことだ。

彼の家は高台にあった。そこには津波も来なかったため、震災前と何ひとつ変わらない光景が続いていた。

〈別世界だ〉

まだ電気、ガス、水道は復旧していなかったが、学校が休校になった近所の子どもたちが笑顔で遊んでいる。

そんな光景に迎えられても、幸福だと思えなかった。ただ災害の理不尽さを思った。

彼が自宅の門をくぐると、子どもたちが七輪で白米を炊いているところだった。

「あ、お父さんお帰りなさい」

子どもたちが言う。

「ただいま」

隆は、そう声をかけた。

総務課の村上、佐藤隆、そして守衛らの責任ある避難誘導が、多くの人命と、日本製紙を救った。彼らが的確な指示を出して避難誘導ができたのは、日ごろから人命第一の安全教育が徹底されていたことと、チリ地震の後に大掛かりな避難訓練がなされており、その反省点がフィードバックされていたことが要因であると考えられる。もし避難体制に何か問題があれば、熟練の技術者を失った上に上層部は責任を問われ、社内が大混乱に陥ったことは想像にかたくない。そして何より、従業員の士気が下がっただろう。

しかし、このことについて尋ねてみると、一様に美談扱いしないでほしいと釘をさす。

隆は、こう答えている。

「僥倖《ぎょうこう》、……。これは僥倖ですよね。あの日全員が避難できたのは、奇跡としかいいようがない。今回は地震が起きてから津波が来るまで、かなり時間があった。しかし、宮城県沖地震の場合、津波到達まではわずか五分と言われています。今回のようにゆっくり避難していたのでは間に合わない。最近、保安管理規定を変えました。大地震の際には、日和山に避難するのではなく、二階以上の堅牢な建物に避難しろ、と。マシンの建屋はＲＣ工法、つまり鉄筋コンクリートで造られており、しかも下部はチェストといって四角い箱型なんです。上から落ちてくるものさえ気をつければ、こちらに避難する方が断然安全だと思いました」

従業員が全員無事に避難できたのを聞いた時には、どのような感想を持ったのだろう。

「安心しました。しかし従業員が全員生きていたっていうけど、非番だった人で亡くなった方がいる。とても喜んでは……。私の仕事は労務関係です。年金や退職金の手続きに来る人の対応をする仕事です。夫や息子が亡くなったんだけど、手続きはどうしたらいいか、という家族がいらっしゃる。ＯＢにも死亡された方がいらっしゃいました。自分が津波を体験しただけにつらいですよね。そういった年金関係の手続きは四か月ほど続きました」

そう言うと、隆はしばらく沈黙していたが、重い口を開いた。

「あの日、もっと助けられたんじゃないかと思う……。だから正直、あの頃のことは思い出したくないです」

最後に彼は、こうつぶやいた。

「それから、海がね……。海を見るのが嫌で……。泳ぐなんてとんでもない。もうずっと太平洋岸には行ってません」

第三章　リーダーの決断

紙の原料となるチップや丸太などが散乱する構内

1

製紙工場ではどのように紙が作られているのだろう。

ここで簡単に説明していこう。

石巻工場では、まず原料の抽出作業から始める。紙の原料は、パルプ、すなわち木材の繊維を取り出したものだ。パルプは製造方法によって古紙パルプ、化学パルプ、機械パルプの三種類にわけられる。

古紙パルプは、古新聞などの古紙を水や薬品で溶かし、繊維を取り出すことによって作られる。新聞用紙は、古紙パルプとほかの二種類のパルプを配合して作られているが、今は約八割の原料が古紙パルプである。

化学パルプは、小さな木片（チップ）を苛性《かせい》ソーダなどの薬品とともに、蒸解釜《じょうかいがま》という巨大な釜で煮込み、繊維を取り出したものである。このパルプからは、強くてなめらかな紙ができる。上質紙は主にこの化学パルプで作られている。

機械パルプのひとつは、チップをリファイナーという機械ですりつぶし、そのままスクリーンで塵《ちり》を取り、漂白して作る。

このパルプからは、インクの吸収がよく、専門用語でいうところの「不透明性の高い」（裏移りしない）紙ができる。機械パルプによって作られる紙は、嵩《かさ》が高く（クッション性が高く）、柔らかいのが特徴だ。これはコミック用紙に最適である。

これらのパルプの繊維を絡みやすくするために、叩いたりつぶしたりしてブレンドなどの「調成」をした後、これを抄紙機にかけて紙を作る。

抄紙工程には何種類かあるが、ここでは代表的な紙である塗工紙の製造工程を解説する。

まずパルプは水で薄められて、目の細かい網状のワイヤーの上にジェットノズルで吹き付けられる。するとメッシュ部分から水分だけが落ちて、薄いシートができあがる（ワイヤーパート）。

次に、このシートをロールとロールの間にかませた毛布で挟み、水分を絞り取り（プレスパート）、蒸気で内部から加熱したシリンダーを表面に押しつけながら、紙を乾かす（ドライヤーパート）。

インクの乗りをよくするため、表面に石灰と粘土を混ぜて薄く紙にコーティングしていき、紙に光沢をつける（コーター）。

さらに、紙の表面の凹凸《おうとつ》を取り除く作業として、たくさんのロールの間を通し、紙を磨いていくのである（カレンダー）。

ここでできた紙は大きな芯棒に巻き取られていく（リールパート）。このトイレットペーパーのお化けのような巨大巻取《まきとり》をジャンボリールといい、原反《げんたん》巻取と呼ばれる小さなロールに巻き替えて（ワインダー）、これを出荷用の製品巻取とシートに加工するため、カッターで切りわけるのである（カッター）。

紙の質感は繊細な調成のもとに成り立っている。紙の本の最たる魅力は、何といっても、その触感にある。

針葉樹から作られるNBKP（針葉樹化学パルプ）、広葉樹から作られるLBKP（広葉樹化学パルプ）、そして丸太をすりつぶして作られるGP（グラウンドウッドパルプ）、古紙から作られるDIP（古紙パルプ）は、それぞれ繊維の柔らかさが異なっている。その原料の組み合わせにより、用途に合わせた紙が製造されている。

現在、視覚、聴覚を刺激するメディアは非常に発達してきている。テレビ、携帯型音楽プレイヤー、スマートフォン、パソコン、各種のゲームなど、「見る」「聞く」に対する刺激はどんどん増える方向にある。

一方で、触ることや嗅ぐことに関しては、今まであまり注意を向けずにきたのではないだろうか。しかし、紙の本の手触りや香りは、文章の中身を理解し、記憶するのにも役に立っている。

幼い頃、やっと目当ての本を買いに行き、新刊の香りを嗅ぎながら、折り癖のない新品の本を開いた時の、幸福感を覚えている人も多いだろう。紙の本の読書体験は、本を開く前から始まっており、その触り心地やにおいの記憶自体が、作品世界に影響を与える。

そして、我々は「めくる」ことによって、さらに読書を〝体験〟していき、本にはその痕跡が残るのである。

たとえば何度も参照するページには、開き癖がついたり、ページの端を三角に折ることがあるだろう。悲しい場面では涙の跡ができ、大笑いをして思わずコーヒーを溢《こぼ》し、茶色いしみを作ったことがあるかもしれない。幼い頃の絵本には、クレヨンの落書きを見つけることがあるだろうし、久しぶりに開いた本からは、栞《しおり》代わりに挟み込んだチケットや、絵はがきなどが見つかるという体験をした人もいるだろう。

以前、鉛筆で線を引いた箇所が、再び開いた時に、自分の目に飛び込んでくることもあるし、章立てしてある参考書は、その項目が本のどこに書いてあるかを頭に入れることで、その分野の全体像の把握にも役に立つ。些細で意識もしていないが、実は紙の本に触れることによって得られる周辺の記憶や痕跡すべてが、文章の理解や記憶に影響を与え、我々に一層深い印象を刻みつけるのである。

印刷用紙には、用途に応じていろいろな種類がある。たとえば辞書に使われる紙は、極限まで薄く、いくら使っても破けないという耐久性が特徴だ。しかも静電気を帯びないように、特殊加工が施されており、高い技術が要求される。

雑誌に使われている用紙は、読んでいて楽しさや、面白さを体験できるものであることが求められる。最近よく好まれているのは、紙が厚くて、しかも柔らかく、高級感のあるものだそうだ。読者はめくった時の快楽を無意識のうちに求めているのだろう。

ところで、雑誌には、たいてい異なる手触りのページが何種類か含まれている。

雑誌の中に挟み込まれた、異なる質感の紙をアクセントページという。これは「ここから違う特集が始まりますよ」という合図であるとともに、異なった「めくり感」を出すことで、新たな興味を抱いてもらうという演出である。同質の紙ではやがて飽きてしまう。そこでアクセントページの、指先から脳へ伝わる異なった触感が、未知のものへの好奇心をそそるのである。

文芸の書籍には文芸の紙の選び方というものがある。装幀家や編集者は、原稿に目を通し、作品の中身を咀嚼《そしゃく》したうえで紙を選ぶ。

どんな紙を本文に使い、どんな素材感のカバーにするかが、作品世界の印象を決定づける。そのバランスは極めて繊細なものだ。高級紙だから上品に仕上がるとは限らない。白色度が高ければ爽《さわ》やかになるとも限らない。触り心地、光沢も相まってその本に個性を出し、より深い印象を読者に与え、作品の世界観を創りだしているのである。

中には本の仕上がりの美しさを追求して、わざわざ工場に出向き、要望を伝える編集者もいる。嵩が高ければ、高級感があるが、今度は張り（「パリ感」と現場では呼ぶ）が強くなってしまう。あまりにパリ感が強いと本を開いた時に、美しい形にページが重ならない。

聖書を作りたいという編集者の注文はこうだった。「水牛の角のような形に、弓なりに美しく開く本がほしい」

工場の技術者畑中《はたなか》は、嵩高と柔らかさという、相反する要望に応えるために、何度も紙を作り直して研究を重ねた。ユーザーは、感覚でオーダーをする。「品のあるものを」と。では、その品とは何か。それを突き詰めて考え、形にするのが技術者たちの仕事なのである。

光沢や色にも流行がある。被災当時、東京の営業部に在籍していた加藤俊《かとうしゅん》（31）は昨今のトレンドについてこう話す。

「ひと昔前には、光沢があればあるほどいいという時代がありました。しかし次第にピカピカしすぎるのは品がないという風潮になり、自然な光沢や風合いが好まれるようになったんです。車や鉄道などのようにメタリック感が求められるものを除いて、多くがナチュラルな光沢に移行しつつあります。また書籍の色についても流行があって、以前はクリーム色がかったものが主流でしたが、ここ数年はホワイト、スーパーホワイトも人気が出てきた。時代が明るいものを求めているのではないか、と思いますね」

また8号の憲昭は言う。

「何年前だったかな、教科書で使われるような青みがかったものがよく出ました。これはヨーロッパで好まれている色なんですよ。でもヨーロッパと日本ではやっぱり光の加減も感性も違う。最近はナチュラルな方向へ変わりつつあります」

製紙会社には、紙の作り方を記した門外不出の「レシピ」と言われるものがある。表面の仕上げに使う薬品など、それぞれの紙の仕上げ方は、長年の研究の上に積み上げたものである。それらもまた、知的財産としてそれぞれの工場内で伝えられている。しかし、「レシピ」だけでは完璧に仕上げることができない。最後の微妙な塩加減が料理人の腕にかかっているように、技術者たちの微調整が完璧な紙を作り上げているのである。

そのノウハウを蓄積してきた工場が水に沈んだ。石巻工場は間違いなく日本製紙の心臓部であり、出版用紙の供給責任を大きく負っている。しかし紙の市場が、電子化と少子化などの影響で年々縮んでいることは間違いない。特に出版用紙については、この傾向が顕著であり、今後も石巻工場が必要とされるかは保証の限りではない。

再生させるのか、それとも閉鎖するのか。

その決断が日本製紙の命運を左右する。社員たちは、そのことを痛いほどわかっていた。

2

東京本社、被災当日。営業部は新聞社、出版社に対する事情説明と今後の製品供給のめどを報告するため、夜を徹しての現状確認に追われていた。

その結果、石巻工場には三・六万トン、宮城県南部にある岩沼工場には三万トンの出荷待ちの製品が置かれていたことが判明した。

石巻工場の8号は、ちょうど角川文庫向けの用紙を製造しているところだったという。さらに、東京有明にある倉庫会社にも製品が置かれていたが、そこも被災し、自動制御のリフトが崩落。出庫が不可能になっていた。

社長の芳賀が、日本製紙のトップとして真っ先に考えなければならないのは、いかに新聞、出版物の発行を途切れさせないかということだ。

東北の新聞社に紙を供給しているのは、主に仙台の南に位置する岩沼工場であった。東北以外の工場の被災状況を確認するとともに、各地の工場に生産を依頼し、配送の時間も含めて、間に合うか否かの検討を始めていた。

さらに、被災地の銀行はダウンしている。芳賀は石巻工場に手持ちの現金がいくらあるのか確認を急がせた。その結果、石巻工場には一〇〇万円、その他の工場の現金をかき集めると、五〇億円あることがわかった。

〈五〇億じゃ足りない。銀行にいくら貸してくれる枠があるのか、相談しなければなら

ないな〉

時流を読まなければ、ともすると石巻工場とともに日本製紙自体が沈む。当時の日本製紙の従業員は全国で三八八四名。連結従業員数を合わせると一万三八三四名という巨大企業だ。トップの判断が日本製紙とその社員、さらには石巻市の命運を握ることとなった。

東京本社、翌一二日、午前一〇時。在京の役員、各部の部長が招集され、芳賀社長のもと災害対策本部が立ち上げられた。

この日、芳賀は被害状況を経済産業省、宮城県、各県の代議士に説明に回った。さらに、社員たちは、新聞社、出版社にも状況説明に走っている。

震災二日後の一三日。ここでおおよその石巻の状況が明らかになってきた。

芳賀は緊急事態宣言を発令し、社員に向けてこうあいさつした。

「震災以降、状況が明らかになるにつれて、被災の大きさが近年経験したことのない、想像を絶するものであることに驚かされる。津波の被害は甚大であり、早急に石巻工場の状況を確認することが重要となってきている。また、道路をはじめとしたインフラが壊滅しており、その復旧にはかなりの困難と、相当の時間がかかることが予想される。

当社にとっては今回の災害はいまだかつて直面したことのない危機である。被災した従業員を全力で支援しつつ、復旧すべき設備、そしてその後の会社全体の生産体制をにらんで再建していかなければならない。我々は経営へのインパクトをすみやかに算定し、困難を乗り越えるべく、全社をあげて復興と支援に立ち上がらなければならない」

石巻市内の壊滅的な状況については、当然芳賀の耳にも入ってきた。

「門脇小学校が火事になって燃えてしまった」

「日和山の裾野《すその》が燃えて、煙が立ちこめていた」

「あの工場は水に浸かってもうダメだと、住民はささやきあっている」

石巻工場が短期間で復旧するだろうという楽観的な見通しを持っている者はいなかった。おおかたのものは工場閉鎖を覚悟していた。最も楽観的な者でさえ、復旧には数年かかると踏んでいた。その噂は当然、芳賀のもとにも上がってきていた。

この頃、トップの心中はいかなるものであったのだろう。

石巻工場を閉鎖するかもしれないという選択肢は、当然芳賀の頭の隅にあったのではないか。

しかし芳賀は、この点について明確に否定する。

「正直なところ、石巻工場を閉鎖しようという選択肢はその時点では全くありませんでした。そこで工場がダメだった時のことを考えるのは時期尚早だろうと。たとえば水が引いて、被害状況がある程度正確に把握できてから、自分の目で見て判断することが肝心だと思っておりました」

工場はまだ瓦礫の山で入ることもできない。芳賀は工場長に「俺はいつでも行く用意がある。準備が整ったらすぐに連絡をくれ」と伝えていた。いずれにせよ、早い決断と対応が必要だと芳賀は思っていた。しかし被災地ではまだその頃、物資が届かず、従業員たちは飢えていた。まずは生活物資を供給すること。それが日本製紙の急務だった。

3

石巻は豊かな水の街だが、それがあだとなった。

沿岸は津波の影響で水没している。日和山の東側から蛇行して北側へと続く旧北上川には、津波が遡上《そじょう》し、車や家が橋に堆積して通行を阻んだ。そして西にも北上運河があり、そこからも津波が来ている。工場の周辺は四方を水に囲まれて、いつ助けが来るのか、まったく予測が立たなかった。

従業員たちはひもじさにあえいだ。

被災から二日目。何とか食料の確保をしなければならない。総務課は、難を逃れた社宅に呼びかけて米を提供してもらい、炊き出しを行った。炊き出しを担当したのは、社宅に住む社員の妻たちや、女性社員たちだ。

握り飯の直径は三センチほど。ピンポン球ぐらいの、塩気も具もない、ただの白飯である。この指先でつまめる程度の握り飯が、長いこと食事をしていなかった空っぽの胃には格別のごちそうだった。この日の白い握り飯を、「あれは、うまかった」「食べながら涙が出た」と何人もの従業員が、鮮やかに記憶に甦《よみがえ》らせる。それほど彼らは飢えていた。

しかし、子ども、女性と弱い者から順に配ったため、食べ損ねた男たちも多かった。

村上はこう呼びかけた。

「空腹も限界だ。もうどうしようもない。本社にヘリコプターをチャーターしてもらって、食料を届けてもらおう」

平時ならヘリコプターを飛ばしてもらおうとは思いつきもしないだろう。ヘリのチャーターには、一体いくらかかるのか、わからない。しかしとにかく、食料を手に入れなければと必死だった。

村上は石巻市役所で打合せをしたままの恰好で働いていた。寒空の下スーツ姿のまま防寒着も羽織っていない。水をかぶっていたので、スーツをしぼってそのまま着ると、それはいつの間にか乾いていた。

村上は衛星電話で、本社にこう訴えた。

「とにかくヘリをチャーターしてほしい。一〇〇〇人が三日暮らせるだけの食料を送ってください」

日和山にあるグラウンドに野球部用の白線引きが置いてあった。さっそくそれを持ち出すと、ヘリコプターの発着場を示すマーク、「H」を描いて円で囲んだ。結果的に陸路から支援物資が届くようになり、ヘリが飛ぶことはなかったが、代わりに消防庁の救命ヘリがそこに降りてこようとするハプニングがあった。

救援物資が最初に届いたのは、一四日の朝のことである。

京都の協力会社が輸送してきたものだった。彼らは阪神淡路大震災を経験し、身をもって震災時の不自由さを知っていた。

「こんな時は、絶対に困っている」

応援の要請が来るより先に、ありったけの緊急物資をトラックに積み込んで、石巻に向けて出発した。通行止めの道路を迂回しながら、通れる道を通って交代で夜通し走り、三日後にようやく石巻に到着したのである。

はるばるやってきた荷物が降ろされたのを見た時には、安心したのもあり、みな思わず涙ぐんだ。見捨てられてはいない。そう感じられることが、これほど身に染みたことはなかった。

さらにこの日のうちに、各地域にある日本製紙の工場や、協力会社からの支援物資が次々と届き始めた。

熊本県の八代工場から来た支援物資には、袋のひとつひとつにまで手書きで「石巻頑張れ！」「地震に負けるな」というメッセージが書き込まれていた。

しかし、支援物資が日本製紙に届き始めた一方で、地域の各避難所では、まだまだ食料やその他の物資の不足が続いている。

そこで日本製紙は、届いた支援物資を市役所に提供することにした。社員も近所の人々に助けてもらっている。日本製紙でも、できるだけのことをしようとしたのである。

ただそれは、すべての避難所に行きわたる量ではなかった。

社宅と隣接する避難所では、この頃まだバナナ半分しか配給されなかった所もあった。不公平感は募《つの》り、一部では「日本製紙が支援物資を独り占めにしている」といったデマが流れた。

住宅を失った従業員には、閉鎖して使っていなかった社宅を開放することにした。社宅に入居できた従業員は恵まれていたのだが、二世帯、三世帯で一戸を共有したため、精神的な苦労もあったようだ。

周辺の治安は一時的に悪化していた。社宅の駐輪場から自転車を盗もうとする者、駐車場の自動車の給油口を無理やりこじあけ、ガソリンを抜こうとする者もいる。自衛策として、自動車は給油口が簡単に開かないように、車と車をギリギリの位置に並べて止めた。社宅の給水タンクから、水を抜き取っていくOBも現れた。とがめると、「何が悪い！」と逆に怒鳴られたため、社宅の周辺を当番制でパトロールして歩くことになった。

三月二五日。工場はひとり一〇万円の当座の給料を現金で手渡すことにした。経理課長の谷口《たにぐち》はバッグをたすきに掛けて、銀行から現金を運んだ。彼の懐に抱えたバッグには一〇〇〇万円以上の現金が入っていた。

「今思うと、あの治安の悪い中、よくやったと思います」

しかししばらくの間、何かを買おうにも近くの店はみな閉まっていて、使う場所がなかった。

4

倉田博美《くらたひろみ》工場長（62）は三月一一日、東京の神宮球場でスポニチ杯を観戦した帰り、仙台駅周辺で、社用車レクサスに乗っていて激しい揺れにあった。

幸い津波に巻き込まれはしなかったが、工場周辺はどこも津波で水没していた。日和山方面に抜けるルートがなく、郊外の大型スーパーで足止めされることになった。屋上から工場の方角を見ると、黒い煙が立ちのぼっている。

〈帰れば地獄が待っている〉

震災翌日、腰ぐらいまでの水なら歩いて帰ろうと工場に向かった。

しかし道中、前からやってきたウェットスーツを着た男に、「周辺はどうなっていますか？」と問うと、男は「ギリギリだったよ」と首のあたりに手を持ってきた。

結局、その日は断念した。

三月一三日、たまたま通りかかった知人から、旧北上川沿いの土手を歩くと日和山方面に抜けられるという情報を得た。そこで旧北上川沿いの土手を辿《たど》り、工場へ向かった。

風の強い日だった。土手には、地面に影を落とし、大勢の人々が力なく歩いている。

誰もが話もせず、疲れ切った表情をしている。まるで戦時中に焼け出された人の群れのようだった。

住吉《すみよし》公園の方から市街地に入ると、大きな船が何艘《そう》も道路に転がっている。信号機や電柱が折れ曲がり、車が高いところにぶら下がっていた。ようやく日和山の見晴しのいい場所に登ると、壊滅した街は色を失っていた。

工場が見える。煙突から煙が出ていなかった。

倉田はその姿を見て思った。

〈工場が死んでいる〉

倉田は、震災の八か月前に石巻工場に赴任《ふにん》してきた。

合併相次ぐ日本製紙の中でも上層部は旧十條製紙出身者が多い。だが、この男は異色の経歴を持っている。

彼は工学院大学を卒業後、一九七〇年に旧国策《こくさく》パルプ工業に入社した。その後、旭川工場で抄紙機のオペレーターを四年間務めた。

普通なら大学を卒業して採用されるキャリア組が、こんなに長い期間、三交替に入ることはない。幹部候補としてデスクワークをしながら、ステップを上がっていくのである。しかし、彼は違った。入社早々、彼は上司に言い渡された。

「おい、倉田。お前体力ありそうだから、現場に行け」

配属されたのが、新聞用紙を作っている抄造課だった。昼勤、昼夜勤、夜勤をシフトを変えながらこなしていく三交替は不規則で、生活のリズムを取るのが難しく、体力的にも精神的にもタフさを要求される。会社も何度か、学卒に三交替を体験させて現場を学ばせようという取り組みをしたらしい。

しかし現場が彼らを嫌った。「あいつら、不器用で使い物にならない。早く引き取ってくれ」と苦情が来る。また学卒も入社後いきなり三交替勤務を命じられると、音《ね》を上げて辞めてしまう者が多かった。そのため、今の学卒はあまり三交替を体験することがない。だが、倉田は現場に向いていた。オペレーターのひとりとして、三交替で四年間紙を作った。

倉田が受け持ったのは、旭川1号マシン。新聞用紙を作るマシンだ。現在の最新鋭マシンである石巻工場のN6は、銀色の壁に覆われて、スリムでスタイリッシュな外見をしており、内部が見えないようになっている。

しかし彼が担当した抄紙機は、機械がむき出しになっていて迫力があった。N6がジャンボジェット機であるなら、倉田がいじっていた旭川1号は、プロペラ機だ。現在もこのマシンは現役である。

「たった四年間現場にいたぐらいでは何もわからない。でも、この四年間の貯金でその後の長い勤務生活を送ってきたようなものだ」と彼に言わしめるほど、「現場の勘」は、彼にとっての武器だった。

そして彼のもうひとつの強みは、北海道の複数の工場の立て直しにかかわっていることだ。

彼は現場の土壇場の強さも、泣き言を言うタイミングも熟知していた。

現場は、上に対して様々なことを訴えてくるが、それが言い訳の場合もあれば、本当にできなくて困り果てていることもある。倉田にはその見極めがついた。

いったん現場が「やり遂げる」と腹をくくって覚悟を決めれば、どんなに困難であろうと、絶対に乗り越えて仕事を仕上げてくることを知っていた。彼らはいつも想定外のできごとに対応している。マニュアルでは解決できないトラブルへの耐性が備わっていた。そして何より、倉田は追いつめられた時の人間の底力を知っている。

震災のような大事《だいじ》が起きると、ほんの一瞬、天の采配が目に見えることがある。工場はいまだかつて誰も経験したことのない危機に直面していた。そこにいたリーダーが、現場で紙を作っている者の矜持《きょうじ》と屈託《くったく》を知り尽くしていることは、運命のたくらみとしか思えなかった。

倉田はやっと工場に辿り着くと、従業員らと合流し、一四日に初めて構内に入った。

正門付近は最も瓦礫が多く押し寄せており、ここを通ることができない。そこで、フェンスの切れ間から入って、自ら長を務める工場の内部を見た。

構内には何軒もの民家がある。二階部分が流入したものだ。コンテナや軽トラック、重量約一トンほどの古紙も、まるでおもちゃのように転がっていた。建屋を見れば、トラックが何台もつき刺さっている。

〈これはとんでもないことになった〉

倉田はそう思った。あらかじめ写真を見せられていたので、心の準備はできていた。しかし改めて歩いてみると凄まじかった。場内はマシンを動かす音が何ひとつせず、静まりかえっている。長靴が立てる、ズボッ、ズボッという音だけが響いてきた。

煙突からは白い水蒸気が上がっていない。こんな工場を見たのは初めてだ。

雪は消え、上空には真っ青な空が広がっていた。

「そう、あの日はものすごく晴れていました」

倉田はそう回想する。

その時に同行したのが、電気課の池内亨《いけうちとおる》（44）である。池内は構内の電気設備のメンテナンスを担当している。電気設備はほとんどが工場の一階にあり、それがすべて水に浸かった状態だった。

〈ああ、もうだめだ〉

池内はそう思った。

「ひどかった。もう無理だと思いましたね。どこから手をつけたらいいのかわからないという感じでした。工場のモーターの数は、一万一〇〇〇台弱。そのうち七〇〇〇台弱ぐらいが泥水の中に浸水している状態でした。一階にあるものはすべてダメ。残ったのは二階にあったものだけでした」

電気製品が水を嫌うのは小学生でも知っている。毛細血管のように張り巡らされた電気設備が、よりにもよって塩水と汚泥《おでい》に埋もれているのだ。

工場の外壁をぐるっと囲む六万六〇〇〇ボルトの特別高圧ケーブルは、電柱とともに引き倒され、あとかたもなかった。これでは工場という生き物に血が巡らない。

果たしてこんな工場が生き返ると、誰が思うだろう。池内はこの時、工場の閉鎖を覚悟した。

〈これなら、最初から新しく工場を作った方が早いんじゃないのか？〉

池内が内心そう思っていると、突然、倉田が立ちくらみで崩れ落ちた。

池内らは倉田の肩を抱えると、瓦礫だらけの構内を後にした。

5

課長たちは、日和山にある社宅横のクラブハウスで、連日災害対策会議を行った。

まずは、生活の立て直しを図ることが優先だった。

一七日にはディーゼル発電機で社宅に電気を通したものの、燃料の都合で一日、数時間しか使えない。対策会議の灯りには蠟燭《ろうそく》を使った。

会社では災害に備えて、対策本部の組織図を事前に用意してあった。しかしそれを一《いち》瞥《べつ》すると課長たちは思った。

〈ダメだ。これでは何の役にも立たない〉

そこで、彼らは模造紙に油性ペンで、当面必要だろうと思われる班を書いていった。

「トイレ」「ゴミの焼却」「社宅各戸へのかわらばん配布」「当日非番だった従業員たちの安否確認」「防犯パトロール」「支援物資の配布」。眺めてみれば、平時には、誰も想像つかないような「班」が必要だった。

特にトイレは緊急の課題だった。社宅のトイレは、断水で水が流れなくなったため使用禁止の通達を出していた。社宅の裏に浄化槽があるのだが、運転が止まっているにもかかわらず、各戸がし尿を流すと、溢れ出してしまう危険性がある。もしそうなってしまえば、水と電気が来ても、故障を直すのに相当の日数を要するだろう。

そこで、社宅と社宅の間にある空地にトイレを掘ることにしたのだ。

総務課長の中田《なかた》和宏《かずひろ》（43）が、若手の中から体力のありそうな社員を集めた。

「ちょっと、志村。トイレ掘ってほしいんだけど」

「あ、……はい」

トイレ班長を任命されたのは調成課の志村だった。

「課長は私が入社する時の採用担当で、頭があがらないんですよ」と、志村は笑う。

「いやあ、会社に入って、初めて長のつく役職をもらったかと思ったらトイレ班長でした」

実際のところはトイレ班に任命されたからといって、億劫《おっくう》だと思う時間すらなかった。ひたすら目の前にある仕事をこなす以外、余計な感情がわかない。

その頃、多くの生き残った者が、何らかの複雑な感情を抱えていた。命があった者は命を失った者に、家族が無事だった者は家族を失った者に、家が残った者は家を失った者に、それぞれ、負い目とも罪悪感ともつかない感情を抱えていた。

彼らには、不平を言ったり、弱音を吐いたりすることなど、思いもよらなかった。動ける自分たちができることをする。仕事があるのはむしろ気が紛《まぎ》れた。

トイレ班は若手社員や協力会社社員を中心に一〇名から二〇名で構成された。シャベルなどの道具をあてがわれ、凍てついた地面に、側溝《そっこう》のような畝《うね》を、細く長く掘り進む。この頃の最低気温は氷点下であり、最高気温でもせいぜい六、七度。吐いた息が白くなった。土は思ったよりも固い。地盤がしっかりしており、少し掘るとすぐにもっと固い層が現れた。

少しでも深く掘らなければ、すぐにし尿でいっぱいになってしまうだろう。トイレ班の社員たちは、一〇分掘って交代した。寒い中慣れない作業で手が痛くなった。だがみな、黙々と穴を掘った。

半日ほどで穴は完成した。その両脇に足場を作り、ドブの蓋に使うような鉄製の網を置く。

「よし」

野ざらしのトイレだ。

「なんかかぶせるものないかな？」

トイレ班のひとりが、運動会で使うために倉庫に保管されていた白テントを持ってきた。トイレ穴にテントを建てて、簡易《かんい》トイレはできあがった。

とりあえず、社宅のトイレ問題はこれでしのぐことにした。しかし電気も来ない中、トイレの周辺は夜ともなれば真っ暗だ。テントをめくれば、まったくの無防備となる。女性は誰かについていてもらわなければ、安心して用も足せなかった。

当初、尿は土に吸い込まれ、自然に減っていくものだと思われていた。しかし実際のところ、土壌は粘土質で、し尿はあっという間に溜まっていった。まだ寒い時期とはいえ、立ちのぼるアンモニアのにおいは強烈だった。

社宅には一〇〇人を超える住人がいた。彼らがそこで用を足せば、人力で掘った穴などすぐにいっぱいになり、あふれてしまう。

追い打ちをかけたのが雨だ。何もしなくても水位が上がる。降り出した雨に、志村が「やばいな」と思っていると、案の定上司から、「トイレ班長！」と呼ばれた。

野営のトイレまで歩いていき、土の中を覗いてみると、し尿があふれんばかりだ。雨が降るたびに黄色く濁った水分が、ゆらゆらと揺れた。トイレ班の若手同士で顔を見合わせる。

「どうする?」

埋め戻そうとしたが土をかけると、足元にポチャン、ポチャンとしぶきが飛び、土を入れた分だけ尿が外に流れ出す。

「これはダメだ。このままにして別に穴を掘りましょう」

志村は阪神淡路大震災のニュースで、トイレの不便を知った。しかし、やはりそれは他人ごとだったのだ。

彼は強烈に思った。

〈ああ、自分がその立場になったのだ〉

被災者であることを身に染みて実感した。あれほど凄まじい津波の場面を見ても、ピンと来ないのに、トイレの汚物を眺めて自分の身の上がわかる。

〈今、まさに自分は被災者だ〉

人間の感覚とは不思議なものだ、と志村は思った。

古いトイレの穴の隣に新しい穴を掘る。シャベルで地面を掘り返しているうちに、次第に体が雨と土で冷えてドロドロになった。

それから数日後、保健所の職員が巡回してきた。

「トイレはどうなさっていますか?」

「こんな感じです」と、社員のひとりが野外トイレに連れていくと、職員は血相を変えて「困ります！」と、声を上げた。

「困りますったって……」

対応に出た社員が戸惑っていると、「簡易トイレをお貸しします。バキュームカーを毎日巡回させますから」と言われた。トイレは埋め戻され、その一帯に消毒剤がまかれた。

三月二一日、簡易のトイレ数台が入り、ようやくトイレの問題は解決された。

水道が復旧したのは、四月六日のことだった。

それまでの間、風呂にも入れなかった社員の間では、バリカンで刈り上げた坊主頭が流行った。

水がぬるんでくると、今度はどこから湧いてくるのかと思うほど膨大な数の震災蠅《しんさいばえ》が発生した。蠅はどこにでもいて、所どころで真っ黒にたかって蠢《うごめ》いている。その形は小動物の死骸《しがい》の存在を感じさせた。

あたりには、異様なにおいが充満している。漁港の周辺では冷蔵庫が壊れ、大量の魚が腐っていた。それを漁《あさ》りでもしたのか、周辺を飛ぶうみねこのくちばしは、黄土色《おうどいろ》におぞましく汚れていた。

その頃本社には、続々と各工場や取引先から支援物資が届き始めた。社屋の前に四トントラックを横付けし、若手社員は総出で救援物資を積み、毎日被災地に向けて荷物を送り続けた。

子どもたちには、集英社から『ONE PIECE』が、小学館からは『ドラえもん』が、送られている。

「子どもって現金なものでね。一通り読んだら、次は『NARUTO』がいい、とリクエストされましたよ」

技術室長の金森章《かなもりあきら》(47)は、その当時を思い出して笑う。子どもたちは元気だった。のちに、講談社の読み聞かせ隊も石巻に出向いた。物語の力は多くの子どもの力となった。

大人向けにも本の差し入れがあったことを、つけ加えておく。九八歳の詩人、柴田《しばた》トヨの『くじけないで』などだ。大人にもこの時期、本が必要だった。

6

当時、石巻工場には、名物課長たちが集っていた。

地方都市の夜は早く、近所の居酒屋に会社の同僚と飲みに行くのがてっとり早いストレス解消だった。二次会の会場は単身者用社宅。まるで大学生の部室のような雰囲気だった。

「いつもはコスト減というような課題を抱えていますから、課同士、そっちが悪い、いやお前が悪い、となじりあうような仲です。でも、この距離の近さが災害時には役に立ったんですよ」

三月下旬。その夜も社宅の一室に集まって対策会議を開いていた。社宅は鉄筋コンクリートの古いアパートで、玄関を入ると小さなリビングダイニングがあり、その隣には畳の部屋がある。そこに座卓を置いて、それを囲むようにしてみなが集まる。

この日は、輪の中に倉田工場長もいた。紳士的な風貌《ふうぼう》を持つ倉田は、いつもは穏やかな口調をしているが、どこか有無を言わさない威厳を備えている。

倉田は、課長たちを前にして、工場の今後を口にし始めた。

「不安や疲労で、従業員たちはだんだん疲弊《ひへい》し始めている。モチベーションを保つには具体的な目標を設定することが必要だと思うんだ」

課長たちは、倉田の言葉に耳を傾けた。倉田の口ぶりは、復興ありきのように聞こえる。本社がどう考えているかはわからないが、とにかく工場長は最初から復興する心積りでいるようだと彼らは感じた。

倉田の言う通り、工場が復興するのかしないのか、わからないまま、不安な気持ちで過ごしているのはつらかった。街の被害の大きさを知るにつけ、絶望や悲しさなど憂鬱《ゆううつ》な気分に押し潰されそうになるのを感じていた。今は気が張りつめているから、何とかなっているが、そのうちじわじわと心が落ち込んで、気力が失われていくのは目に見えている。

とにかく日本製紙は石巻を見捨てないと信じて、何か具体的な目標を持って動きだす方がいいだろう。

倉田の話は続く。

「まず、復興の期限を切ることが重要だと思う。全部のマシンを立ち上げる必要はない。まず一台を動かす。そうすれば内外に復興を宣言でき、従業員たちもはずみがつくだろう」

「はい」

課長たちは思わず身を乗り出す。

「まず、一台でいいんだ……」

なるほど、まず一台動かせば、工場の復活を印象づけられる。

ところが次の瞬間、倉田は表情を変えることもなく、課長たちが耳を疑うようなことを言い始めた。

「そこで期限を切る。半年。期限は半年だ」

「えっ？」

一同唖然《あぜん》として、驚きのあまり声も出なかった。

〈……半年？〉

誰も面と向かって異議を唱えようとする者はいない。

しかし、関西出身の金森は反射的に心の中でこう叫んだ。

〈アホか、おっさん！　できるか！〉

倉田もあの惨状《さんじょう》を見ているはずだ。瓦礫と汚泥がうずたかく積もり、どこから工場でどこから外かもわからない廃墟を。それを半年復興とは。うちの工場長は寝ぼけてでもいるのか。

「大変偉い方で僕らなんかにしたら雲の上の人ですよ。でも、さすがに工場のあの状況を見て、半年とは……。まだ電気すら通っていない時期です。申し訳ないけど、正直なところ心の中であきれました。工場にはもちろん調査も入ってませんし、いったいいくらかかるのか、どれぐらいの工期が必要か、工場長だって見当もつかなかったはずです。でも、一目見たら誰だって無茶なことを言ってることぐらいはわかるでしょう？　設備の人間が口をそろえて、もうダメだと言ってたような状態ですよ」

目標を立てる時は、最初の工程から順に工期を積み上げて目標を設定するものだ。電気を通すのが何日必要で、用水の復旧は何日必要、ボイラーの立ち上げは何日必要……。そうやって足し算で予定を立てていく。しかし今回は期限が決まっていて、後ろから締め切りを設定していくことになる。

半年で復旧となると、マシンはこの日までに動かさなければならない、すると蒸解釜《じょうかいがま》はこの日まで。調成は……、と逆に勘定していくと、最初に復旧させなければならない電気課や原動課に与えられた期限はあまりに短く、まったく現実離れしていた。

原動課の玉井は、のちにこう述べる。

「勝手に言ってろ、という感じですよ。できるか、と。後ろから期限を切っていくと、最初に供給しなければならない水は、その前に通ってなきゃならないことになる。となると、それよりずっと前には電気も通っていないと、となるわけです。もう期限切れてるんじゃゃん、こりゃあ無理だよ。あまりの無謀な工期に笑っちゃいましたよ。まあ、できるわけないよなあと」

電気課の池内の言葉は簡単だった。

「無理。絶対無理」

彼らにはもう、以前の工場がどんな様子だったか、うまく思い出せなくなっていた。こんな状況で、果たして以前の姿に戻せるのかも疑わしい。たとえできても一〇年かかるか、二〇年かかるか。頑張って復興したとしても、早くて三年、神業のように仕事がはかどったとしても二年がせいぜいだろう。

上司の命令には逆らえないサラリーマンたちは、それぞれ本音のところでこう思っていた。

〈どうせ絵に描いた餅だ。言わせておけ。そもそもこんな無理な工期で、目標が達成できるはずがない。きっとどこかの課が遅れてくれるだろう。他の課が大幅に遅れてくれさえすれば、工場長もさすがに無謀な目標の設定自体を見直すに違いない。とにかく自分のせいで会社がおかしくなるのだけは避けたい。誰か他の課が派手に遅れてくれれば、計画が無理だとわかるはずだ。頼む、誰か早めに派手にこけてくれ〉

しかし一方で、倉田の言葉には妙な説得力があった。

「一年半、二年じゃ遅すぎる。工場を復興させるぞというモチベーションはもってせいぜい半年。客も今は同情で待ってくれるだろうが、あちらも商売だ。いつまでも待ってくれるはずがない。たった一台。一台動かせばいい。一か月でも遅い。半年では遅すぎるぐらいだ」

金森は、「半年」という期限に弱り切りながらも、自分たちの置かれている立場を痛切に理解したのだ。

〈確かにそうだ。早期に立ち上げなければ、この工場はおかしくなる。工場がおかしくなれば、日本製紙もおかしくなってしまう。倉田の言うように、とにかくやらなければならない。この会社の命運は自分たちの肩にかかっている。ほかに選択肢はない。しかし……〉

倉田は、現場の人間の心理をよく知っていた。

「半年」という期限を切って、ポンと彼らに社運を託したのである。

「お前ら、半年で立ち上げられなかったら、会社はどうなる？」

そう彼らの立場を知らしめたのだ。

倉田はのちに、こう述べている。

「もともとかなり無理な計画でしたから、できないのならできないでかまわないと思っていました。しかし、私がこうやって目標を設定してやらないと、工場がどこに向かって走っていっていいか、わからないでしょう？」

課長たちにその言葉をぶつけてみると、強く首を振り、口をそろえてこう言う。

「できないなんて、一言たりとも言わせないという雰囲気でした」

倉田はリーダーシップを、次のように考えていた。

「目標が達成できるか否かはリーダー次第。リーダーが二年といえば二年。三年といえば三年。そして半年と言えば半年です。現場の話を物わかりよく聞いていたら、三年あっても復興工事なんて終わらない」

「半年復興」の掛け声は、課長たちを焦らせた。どう考えても不可能だと思える期限。だが会社の存亡をかけたデッドラインだということに、彼らは気づいていた。

しかし、この時彼らが感じたのは、本当にそれだけだろうか。

「半年復興」という目標は、明るい話題のない被災地で、彼らがすがりつくことのできる、唯一具体的な希望ではなかったか。

日常生活が奪われ、人間らしい生活を営めていない彼らにとっての、取り戻したい「何か」が、もしかしたら、半年復興の先には見えてくるかもしれない。彼らがチラリとでもそう考えなかったとは思えない。

第二次大戦後の焼け野原から日本が立ち直るのに、どれぐらいの時間が必要だったのだろう。そして今回の東日本大震災から日本が復興するまでには、あとどれぐらいかかるのだろうか。この震災直後、日本人の復興にかける想いは大きかったと記憶している。あの気持ちを束ねるリーダーシップを、三月一一日当時、政府のトップがどれだけ持っていただろう。

部下にも、倉田自身にも不可能だと思われた決断が、どのように現場のモチベーションを変え、どのように会社の命運を決めたか。彼らのその後の姿を追いかけていくと、我々が再び遭遇するであろう危機に対応するための、何かのヒントになるかもしれない。

7

「俺は行くぞ。石巻入りは三月二六日だ」

社長の芳賀は工場からの招きを待たずに、現地に入ることにした。もう一刻の猶予《ゆうよ》もならないと判断したのである。

東京本社の芳賀にかかってくる石巻工場ＯＢの電話は、日に日に絶望的な色を帯びてくる。

1平方キロメートル、約33万坪、東京ドーム約23個分という広さの日本製紙石巻工場全景

「ウソだろ?」高橋太治は夢中でシャッターを切り続けた。
一五時四八分、津波襲来直後の工場正門前

「これはとんでもないことになった」倉田工場長はそう思った。震災翌日の柿の木通り

2コーターに流れ込んだ瓦礫や製品巻取

復興作業の様子

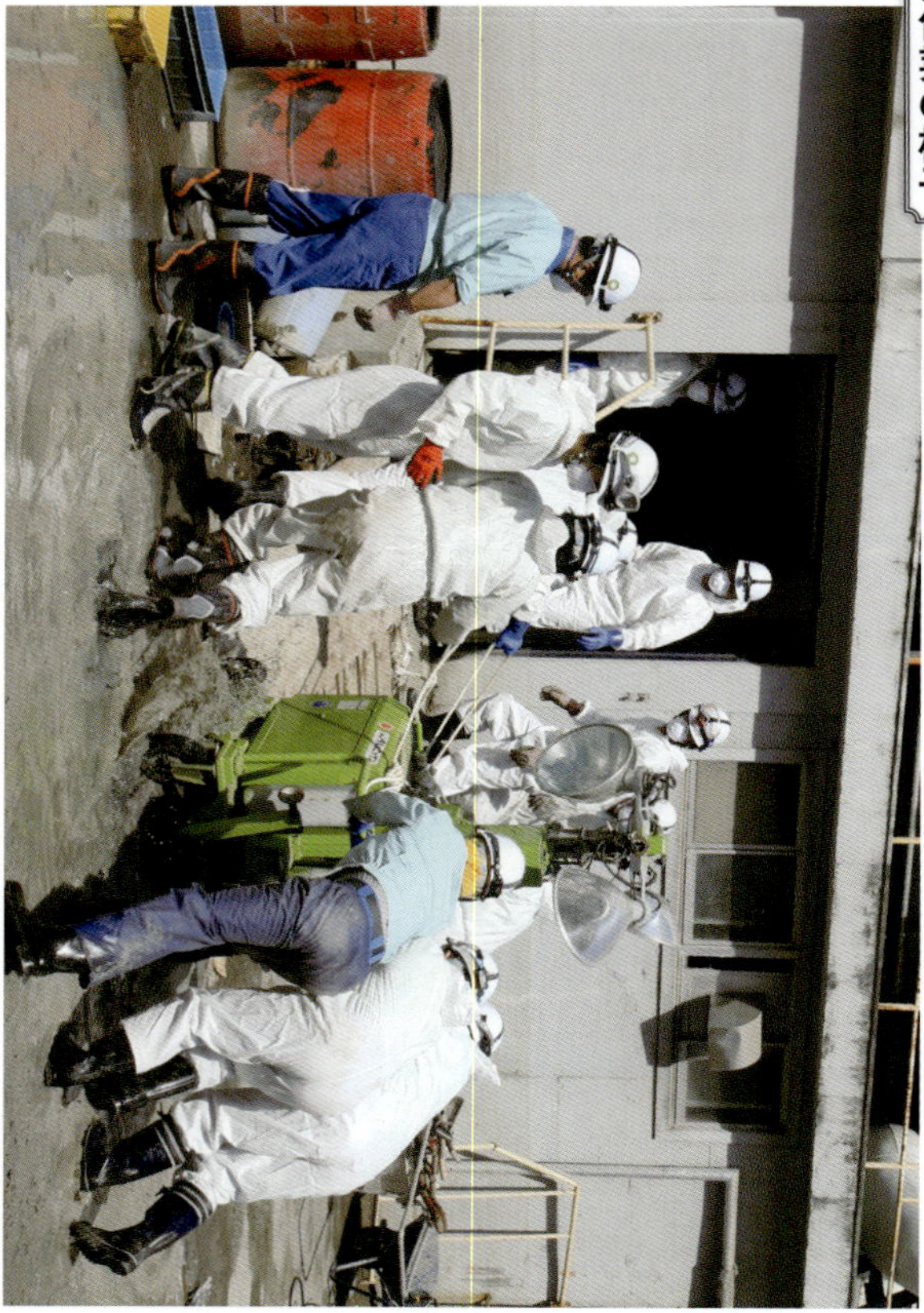

調成課　８号マシンの建屋の一階部分へ投光器搬入

「家族が亡くなっている者も、家が流された者もいる。誰の悪口も言うな。もう一度、あの煙突に白い水蒸気を上げよう」原動課　瓦礫撤去

アイメイト　コートカッター室へ立ち入り調査

震災直後

パレットやチップ、丸太が流入したN２通り

コート検査室

工場正門前

「かわいそうに……。きっと回してやっからな」書籍用紙・文庫用紙・コミック用紙など、様々な出版用紙を生産する８号抄紙機

「希望の星に会いに行こう」１日に1000トンもの生産能力をもつ、世界最大級のＮ６マシン

「にじのライブラリー」で絵本を楽しむ被災地の子どもたち

電話の向こうからは地元の悲鳴が聞こえてきた。

「こちらではみんなが、石巻工場が閉鎖になると噂している。やはりそうなのか？」

芳賀はその電話にこう答えている。

「考えてもみてください。私が石巻工場を潰すと思いますか」

彼もまた、石巻工場閉鎖はあり得ないと思っていた。

導入したばかりのＮ６マシンさえ無事であるなら、あの工場には希望が残されている。

石巻抜きでは、遅かれ早かれ日本製紙は倒れる。軽々に表明できなかったが、彼の腹には最初から復興があった。

その日、彼が石巻行きを強行したのは、一刻も早く工場の従業員たちを安心させてやりたいという気持ちがあったのだ。

国交省に緊急車輛の登録をすると、芳賀、災害復興対策本部長に任命された藤崎《ふじさき》、労働組合委員長の宮嵜《みやざき》、秘書室長の岩本《いわもと》、広報室長の吉野《よしの》の総勢五名は、４ＷＤで東京を出発した。

被災地に迷惑をかけるわけにはいかない。食料と、積めるだけのタバコと酒、携行用ガソリンタンクを積んで出かけた。途中、福島県の二本松《にほんまつ》で宿を取り、明け方出発する。

途中の道路は波打っており、地震の大きさを実感した。東北自動車道で途中まで行ったが、仙台東部道路は津波の被害で通れない。一般道に降りて、三陸自動車道に入った。

鳴瀬川《なるせがわ》を渡ると、山間を抜ける。

平野が開《ひら》けると自衛隊の松島基地が見え、その左側には遠くに石巻工場が見える。

まるで巨大な戦艦のようだ。

いつもなら高い煙突と大きな建物が見えて、白煙がたなびいている。

芳賀はその光景が好きだった。

〈ああ、今日も元気にやっているな〉

そう思ったものだ。

三月二六日、うっすらと雪化粧した石巻は、死んだように静まりかえっている。工場の煙突から白煙が立ちのぼることはなかった。

三陸自動車道を降りると、散乱する瓦礫が目に飛び込んできた。石巻の工業港に注ぐ定川《じょうがわ》の堤防が決壊し、あったはずの周辺の家がなくなっている。代わりにそこにあったのは、自衛隊の基地まで遥かに続く、あるはずもない湖だった。

左岸の民家は、一階が抜けてがらんどうになっていた。今まで見たこともないような悲惨な光景が広がっている。車は瓦礫をよけて進んだ。芳賀の口数が少なくなる。

日本製紙のトップはただ、車窓を黙って眺めていた。

石巻工場は、いくつもの合併を経て現在にいたっている。

一九三八年、王子《おうじ》製紙の社長で、のちに「製紙王」と呼ばれた藤原銀次郎《ふじわらぎんじろう》は、東北地方の豊富なブナ林に目をつけ、東北振興パルプを設立した。

東北振興パルプは、東北興業株式会社と協力して石巻に工場を建設、一九四〇年に操業を開始している。この東北興業株式会社の成り立ちをひもとくと、石巻工場が歴史的に背負ってきた使命が見えてくる。

一九三六年、東北興業株式会社は、昭和恐慌や昭和三陸大津波により疲弊した東北地方を救済し、経済振興を促進することを目的とした東北興業株式会社法に基づいて設立された。

つまり、石巻工場はもともと津波で被災した地を支えるために、建設されたものなのだ。

一九四九年に東北振興パルプは東北パルプと名称を変更。同年、過度経済力集中排除法によって王子製紙が解体されて十條製紙が誕生。東北パルプはこの十條製紙と合併し一九六八年、十條製紙石巻工場となる。そして一九九三年、山陽国策パルプとの合併によって石巻工場は、日本製紙石巻工場と名称を変えた。さらに二〇〇三年日本製紙は大《だい》昭和《しょうわ》製紙と合併している。

紙を抄くためには豊かで良質な水が必要である。石巻には豊かな水量を誇る北上川が流れている。そして、東北の良質な森林資源がパルプの原料となった。さらに首都圏への製品輸送ルートが確立している。

この地域は製紙業に向いていると判断し、日本製紙は石巻を基幹工場と位置づけて集中投資を続けた。

一九六八年の合併以降、工場には抄紙機六台、コーターが三台、チップを蒸解《じょうかい》する連続蒸解釜が二基、古紙処理工程の四系列が建設された。

そしていよいよ二〇〇七年には、抄紙機とコーターを組み合わせた「オンマシンコーター」と呼ばれる一体型のN6抄紙機ラインが完成した。

N6のNは、NEWを表す。古い順に1号から10号まで名づけたあとは、NEWの頭文字をとって、「次世代の」という意味で、「N」を使っている。

この抄紙機は、幅が九四五〇ミリメートル、抄造スピードが毎分一八〇〇メートル、一日の生産量が一〇〇〇トンを超える世界最大級の超大型設備であり、日本製紙が約六三〇億円かけて導入した最新鋭マシンである。

東京スカイツリーの総工費が約六五〇億円であるのと比べてみると、一台のマシンにかけた金額がどれほど巨額であるかがわかるだろう。

世界のオンマシンコーターが同じメーカーの一体型であるのに比して、N6はドイツのフォイト、フィンランドのメッツォ、そして日本のヨドコウと、メーカーの強みを組み合わせて造られており、日本人独特のきめ細やかなこだわりが見える。

このマシンの完成によって石巻工場は、世界有数の競争力を持つ基幹工場の地位をゆるぎないものにしたのである。N6一台の生産量は、小さな製紙工場の生産量を凌駕《りょうが》するほどの驚異的なものだった。

この最新鋭の機械で造る紙の品質を担保するのは、無名の技術者たちの技である。紙にこだわる出版社に絶大な信頼を寄せられる職人たちのノウハウの集積もまた、目に見えない工場の財産だ。この工場には、日本製紙の基幹工場としてのプライドがあった。

その工場が海に沈んだ。

車がクラブハウスに着く。従業員たちは整列して芳賀が降りてくるのを待っていた。みな、一様に不安げな顔をしている。芳賀はその中に、組合の鈴木支部長を見つけた。

彼はかつて石巻で鈴木の父親と一緒に働いたことがあったのだ。

芳賀は鈴木に歩み寄ると、手袋をはずしてがっちりと握手をした。社長の手は温かく、また、頼もしかった。

「お父さんは大丈夫だったか？」

「はい、おかげさまで」

「それはよかった」と芳賀は優しい面差《おもざ》しで言う。

そして続けて、こう言った。

「工場のことは心配するな」

その一言を聞いた瞬間、鈴木の目から涙が零《こぼ》れ落ちた。

社長は、工場を復活させるつもりでいる。鈴木はそう感じ取った。

〈これで六〇〇名の石巻工場の雇用は守られる……〉

鈴木は労働組合の支部長だ。彼のところには、組合員からの不安の声が寄せられていた。

「工場はどうなるんだろうな」「家族がいるんだ。この土地を離れられないよ」

鈴木は励まし続けた。

「心配するな。日本製紙を信じて、今できることをしよう！」

しかしそれは、組合員に対してだけではなく、自分自身に対する励ましであったのかもしれない。

〈日本製紙は石巻の従業員を見捨てないはずだ〉

そう信じたかった。不安を打ち消して、何とかこの日までやってきた。

目の前に現れた芳賀は確かに「心配するな」と言った。

きっと工場は立て直される。鈴木はここでようやく張りつめていた肩の力を少しだけ抜いた。

芳賀は先を急ぐ。

「さっそく工場の中を見よう」

倉田工場長らとともに正門の前へと赴《おもむ》いた。

彼が五年間働いていた工場が、無残な姿でそこにあった。そこかしこに、あるはずのない民家の屋根が見える。

構内へと入ると、車は建屋に突き刺さり、丸太はあちこちのシャッターを突き破った形で建物の中に流れ込んでいる。パルプは泥まみれになって、あちこちに無残な姿を晒《さら》していた。

しかし、芳賀は瓦礫を見てはいなかった。ストックタワーがまっすぐ立っていることを確認し、ほかの建屋群がしっかりしていることを見ていた。「うん」何度か芳賀はうなずいた。倉田は芳賀の様子をうかがっていた。

広報室長の吉野幸治《こうじ》（47）は、芳賀がこうつぶやくのを聞いていた。その言葉に社長の思いすべてが込められているような気がした。

「さて、……希望の星に会いにいこうか」

希望の星。吉野はそれが日本製紙最大のマシン、N6のことだと知っていた。

N6の建屋の扉は突き破られて、巨大な丸太が突き刺さっている。一階部分は泥に浸かり、電気配線も薬品のパイプもグチャグチャになっていて、とても入れない。細い階段を使って二階へと上がった。

建屋は鉄筋コンクリート製で、天井までの高さは二五メートル。高い場所に明かり取り用の窓があり、そこから差し込む光は青白く、まるでプールの底にでもいるようだ。フロアには、戦艦大和《やまと》とほぼ同じ長さだと、従業員たちが誇らしげに言う、全長二七〇メートルの巨大マシンN6が眠っている。天井のダクトが一部分落ちていたが、あとはまったく何もなかったかのように構内は静まりかえっている。

──待っていた。

N6がそう芳賀に語りかけているようだった。

　しばらく芳賀はN6を眺めていた。沈黙が続き、そこにいた者が次の言葉を待っていた。

　芳賀は「うん」とうなずいた。微笑んでいる。

「これなら、大丈夫そうだ」

　石巻工場の復興が決まった瞬間だった。

　その後、芳賀はクラブハウスの前に立った。それを従業員たちが囲む。みな、一層不安な表情を浮かべている。

　芳賀はこう宣言した。

「これから日本製紙が全力をあげて石巻工場を立て直す！」

　一瞬の沈黙のあと、ドッと歓声が上がり、どこからともなく拍手が起きた。地元で生きてきた従業員たちほど、石巻工場の先行きに不安を抱いていた。日本製紙が倒れたら石巻は終わりだ。彼らは体感としてそう知っていた。日本製紙が撤退すれば、自分たちの生活は立ち行かなくなる。従業員たちはみな、社長の言葉に思わず涙ぐんだ。「これで助かる」「家族も救われる」

　そして芳賀はこう続けた。

「金の心配はするな。銀行と話をつけてきた」

その言葉こそ倉田が聞きたいと願っていたものだった。会社は全精力を傾けてこの工場を立て直すつもりでいる。その表明だった。

倉田はこの復興宣言を見越して、課長たちに復興の時期について内々に相談していた。先を見越して手を打つ。それが彼の仕事の速さの秘訣だった。会社は石巻を救うだろうと彼は踏んでいた。

「日本製紙はこの工場を切れない。石巻工場がなくなるという選択はないと思っていました。日本製紙は石巻工場を基幹工場として集中投資を行ってきた。それを潰すとなると、その時はよくても、将来に夢はないよね」

日本製紙グループをあげて、巨額の資金を投入すると決まった以上、もう退路は断たれたのだ。芳賀も倉田も微笑んでいた。だが、指揮官の内心など誰もわかるはずがない。一歩間違えれば、自分が歴史ある会社を潰すことになるかもしれない。泣くわけにも、嘆くわけにもいかなかった。

何しろ現実は酷い。紙を抄くのに塵ひとつ混入してはいけないはずが、どこもかしこもドロドロで、工業用水は夏になるまで復旧しない。構内の泥を撤去するのは、中に重機が入れない以上、すべてスコップで掻《か》き出すほかはない。パイプが入り組んでいるところは、手で掻き出すところも出てくるだろう。いまだかつて誰も経験したことがない事態だった。

どれぐらいの時間がかかるのか、何が起こるのかは誰も皆目見当がつかない。本当に半年で復興できるのか。どんな問題が持ち上がるのか。それをできると信じるのは客観的に見ればギャンブルのようなものだ。

では、勝率はどれぐらいか？

トップがどれだけ勝利を強く信じることができるか。そして、勝てると信じる者がどれぐらい多いかで確率は上がる。それが組織だ。

芳賀はこの時、復興する方に賭けて賽《さい》を投げたのである。

第四章　8号を回せ

1日約300トンを生産する8号抄紙機

1

本社から届く支援物資の分配は社宅の妻たちに任された。

総務課の村上の妻、ゆり子は物資を配りながら、夫の姿を見かけることがあった。夫は五月の連休明けぐらいまで、ほとんど家に帰らず仕事に追われていた。

村上の頬はげっそりとこけ、短期間でずいぶん痩せたように見える。

「少し休んだら」

ゆり子はそう声をかけようとして、言葉を呑み込んだ。仕事熱心で責任感の強い夫のことだ。休むとはきっと口が裂けても言わないだろう。

「あの人は頑固だから」

ただ倒れないようにと祈るほかはなかった。

構内で遺体が発見されると警察に連絡を取って、回収に来てもらう。村上はそれに立ちあう役目を負っていた。

ある日、村上が見たものは子どもの遺体だった。

村上の自宅に遺族だという人から電話があったのは、それからほどなくのことだ。対応したのはゆり子だ。

「ご主人さまに、ひとことありがとうと、お礼を申し上げたくて」

ゆり子はそれを聞いて、胸がいっぱいになった。

村上に電話があった旨を伝えると、「仕事だから……」と、村上は言葉少なに言った。ゆり子は、普段は決して弱音を吐かない夫が、こう漏らしたのを聞いている。

「とても、かわいそうだったよ……。あの時はつらかった」


組合の鈴木支部長と総務の中田課長は、震災の日に非番だった従業員たちの安否確認に避難所や家を巡っていた。まだ車では通れない道もたくさんあったので、リュックを背負って何時間も歩くことになった。

非番だった者の中には、犠牲者が出ていた。

鈴木はある日、組合員の遺体が確認されたとの情報をもとに、体育館に設置されている遺体安置所に赴いた。そこには組合員の父親がいた。

「どうか、息子の顔を見てやってください」

父親が、柩《ひつぎ》にかがみ込んで小窓を開ける。

すると、そこには目を見開いたままの組合員が、虚空《こくう》を見つめて横たわっていた。水に浸かっていたためか、その目は灰色に濁っている。

〈無念だったでしょう……〉

鈴木は、心の中で声をかけると、ただそっと手を合わせるしかなかった。

中田は、子どもに次いで、夫の遺体も発見したという妻がこう言ったのを覚えている。

「子どもがひとりで天国にいるのは、ひとりぼっちでかわいそうだと思っていました。でも、夫が一緒なら、きっとあの子もさびしくないですね」

工場構内には、民家の二階部分が多数流入している。調査をしてみると、全部で一八棟あることがわかった。

家は簞笥《たんす》や机を中に残したまま流れ着いていた。村上たちは壊れた家に上がると、手紙など持ち主の名前がわかるものを探した。そして各避難所の掲示板に、所有者の名前を書いた貼り紙をして回ったのである。

ある日、家の所有者だという家族が名乗り出て、揃って工場まで片づけにやってきた。家族はしばらく中に入って荷物を運びだしていたが、作業が終わると外に出てきて、名残惜《なごりお》しそうに、我が家を見上げて思い出話をしている。

この家に家族のどんな思い出がつまっているのだろう。

村上が様子を見ていると、家族は去り際に一列に並んで、まるで「長い間ありがとうございました」とでも言うように、我が家に向かって深く頭を下げた。


鈴木は、震災後に初めて咲いた桜のことをよく覚えている。この工場の裏手には独身寮があり、脇道にある桜が毎年見事な花を咲かせる。いつも通り、咲いた花はひらひらと、雪のように舞った。しかし、その遠景にあるのは廃墟となった南浜地区だ。

「あの春に咲いた桜は、なぜかいつもより白っぽく見えてね。きっと、花も死者を弔《とむら》っているのだろう、と思いました」


暖かくなると遺体の回収は困難を極めた。遺体を持ち上げると体から皮膚や肉がはがれ落ちてしまう。そこで毛布でそっとくるみ、ゆっくりと持ち上げなければならなかった。

最後に見つかった遺体は貨物列車のコンテナの上にあった。それは中学生の女の子だった。

作業をしていた者は、ほとんどが自分も子を持つ父親たちだ。

彼らは涙まじりのため息をもらすと、あとはもう言葉が出なかった。

〈今までひとりぼっちでこんなところにいたんだな。……もうすぐ家に帰れるぞ〉

そう心で呼びかけると、従業員たちはヘルメットを脱いで、頭を垂《た》れて冥福《めいふく》を祈った。

構内で発見された遺体は、全部で四一体となった。

2

従業員たちは、拾った命の使い道を探していた。

構内では、四月一日から、倉田の掲げた「半年後にマシンを一台動かす」という目標に向かって作業が行われていた。

倉田は、最初に立ち上げるマシンを、最新鋭のN6と決めた。そこでまず、N6建屋周辺の瓦礫の撤去が重点的に行われることになった。外の瓦礫は重機で撤去できるが、建屋内部は人力で片づけるしかない。しかし津波に襲われた構内には、いったい何が流れ込んでいて、何を踏んでしまうのか、まったく予測できなかった。

工場内の停電は続いている。投光器とヘッドライトをつけての作業が行われた。泥を掻き出すのは人海戦術だった。瓦礫を片づけ、スコップで泥を掻き出し、それをリヤカーや一輪車で運び出していく。水もまだ来ていない。パイプの入り組んでいるところでは、スプーンで泥を掻いていった。

作業員たちは薄暗い構内にひしめきあって息をつめ、掻いても、掻いても、一向に減らない泥と格闘していた。そこには協力会社、アイメイトの本木率いる女性社員たちもいた。

想像を絶する難題に直面することもあった。建屋の天井に近いところに、丸太が引っかかっているのだ。みな呆然とそれを見上げ、想像を遥かに超える津波の威力に畏怖《いふ》の念を感じた。どうするか検討した結果、とびの職人に入ってもらい、丸太に太い縄をかけ、「せーの」で引っ張ることにした。彼らはこのようにして高いところにひっかかっている瓦礫や巻取《まきとり》をひとつひとつ取り除いていった。

しかし、工場の努力に水を差す事態が持ち上がった。

本社営業部と、意見が衝突したのである。

倉田は本社からの連絡に憮然《ぶぜん》としていた。収まらない怒りをどこにぶつけていいのか、そのやり場が見つからない。

〈今頃になって……〉

四月一〇日頃にきた営業部からの打診はこうだった。

「最初に立ち上げるのは、N6ではなく8号にしてほしい」

まだ水も電気も通っていない中、ひたすら人力で泥を掻いて、ここまできれいになるかと思うほどきれいにしたアイメイトの社員や、ほかの社員たちになんと言ったらいいのか、わからなかった。

倉田は、従業員に発破《はっぱ》をかけ工場の作業に当たらせながら、内心では思っていた。

〈まるで戦争に、息子たちを送り出すようじゃないか〉

トップがめそめそしていたのでは従業員が動揺する。弱みを見せずにいるのが、リーダーの役割だと考えていた。それでも、夕方に泥まみれで帰ってくる従業員には、「お疲れ様」と一声かけるのが精いっぱいで、それ以上の言葉が続かなかった。

従業員たちに「半年復興」と号令をかけて、不可能ともいえる工期で目標を達成しようとする強面《こわもて》のリーダーは、誰にもわからないところで、従業員たちにそっと頭を下げていた。

この時の倉田の姿に、指揮官の深い孤独を思う。会社の命運と、従業員たちの生活、さらには地域さえも背負い、心の揺れを他人に気取《けど》られまいとする彼の内面を、当時気づく者はほとんどいなかった。

倉田が立ち上げようとしたのはN6だ。これは石巻工場のシンボルとも言うべき抄紙機である。これを立ち上げさえすれば、外にも復興を強烈にアピールできる。

さらに、N6マシンの周辺設備は8号に比べて少ない。N6は化学パルプと古紙パルプのみだが、8号はそれに加えて機械パルプの製造設備も必要となるため、立ち上げる設備は一気に増える。倉田は従業員たちの負担も考えて、N6が最適であると判断したのだ。

しかし、営業部の言い分はこうだった。

「8号の紙を出版社が待っている。8号マシンを最優先にしてほしい」

8号抄紙機、8号、8マシンなどと呼ばれるこの抄紙機は、一九七〇年に稼働した古いマシンである。この抄紙機は単行本や、各出版社の文庫本の本文用紙、そしてコミック用紙を製造していた。

高度な専門性を持ったこのマシンで作る紙は、ほかの工場では作れないものが多かった。

〈出版業界が8号を待っている〉

そう言われれば、〈確かにそうだ〉と、倉田は思った。反論などできない。

N6のリーダー野口治夫《のぐちはるお》(46)は口数の少ない実直な男だ。きっと文句を言うまい。彼の家は津波で被害を受けた。それでも懸命に頑張っていたのだ。彼にとっても無念だろう。

その気持ちを倉田の片腕、工場長代理の福島一守《ふくしまかずもり》(53)はこう代弁した。

「『N6でそんなにバンバン紙を作ってどうすんだ』って、本社営業の若い奴が言いやがったんですよ。なんという心ない言葉を言うんだ、現場の気持ちをどう思ってるんだ。くやしくてね、くやしくてたまりませんでした」

復旧作業を始めていた工場は、ここで方針転換を迫られることになった。

倉田はミーティングで頭を下げた。

「みんな、すまない。最初に立ち上げるマシンは8号となった。どうか8号を立ち上げるために全力を尽くしてくれ」

N6から8号へと方針転換したのは、N6の瓦礫撤去に取り掛かってからわずか一〇日のことだった。そこまで作業が進んでいるとは、東京の営業部も想像していなかったに違いない。

復旧を急がされる設備は一気に増えた。案の定、現場の従業員たちからは、やりきれないという不満が上がりはしたが、そこは会社組織だ。公然と反対する者はいなかった。半年復興がさらに困難になったと心配した現場からは「工期を遅らせましょうか？」という声が聞こえた。だが、「できるだけやってみよう」と倉田は譲らない。従業員たちはさらに必死になって作業に取り組んだ。

3

ゴールデンウィーク明けに、石巻工場で日本製紙の復興会議があった。

本社の役員も石巻に揃って出向き、クラブハウスで、日本製紙石巻工場のこれからについて会議をするというものだ。

この会議で改めて、最初に立ち上げるのはN6ではなく8号にすることが確認された。

倉田は文句ひとつ言わず、黙って聞いていた。

本社の海外販売本部長、佐藤信一《さとうしんいち》（57）は、その時のことをこう振り返る。

「N6から8号へと変更になれば工場の士気も下がるでしょう。よく営業のわがままを聞いてくださったと頭が下がりました。倉田さんにも、おっしゃりたいことはいっぱいあったと思います。ぐっと言葉を呑み込んでいるような表情でした。『俺たちがここまでやってきた気持ちが、お前らにわかるかい』と。N6周りではずいぶん以前から作業をしていたのはよくわかっています。今更8号などと言うべきではないという意見も頂戴しました。それでも私たちは、最初に8号を動かしてくださいと言わなければならなかった。それは今でも正しい選択だったと思っています」

　出版社が石巻を待っている。それはまぎれもない事実だった。

　東京本社では、震災以降、紙の供給を途切れさせないために、様々な手を打ってきた。東京の倉庫が被災して出庫できなかったため、紙の供給が一時的に遅れたが、あとは他工場やアメリカの関連企業に依頼して、何とか紙を手配してきた。

　石巻工場の総生産量は年に一〇〇万トン、月になおすと約八万トンを生産していることになる。石巻工場だけで、日本製紙の洋紙国内販売量の実に四分の一を供給していた。

　この八万トンをどうにかしなければならない。ほかの工場に頼むとしても、どうしても供給量は足りなくなるだろう。そこで佐藤信一らは苦渋《くじゅう》の選択をした。

「我々がまず優先順位として守らなければならないのは、国内のお客様だ。海外のお客様には、大変申し訳ないが、紙を作れなくなったと連絡をしよう」

当時、日本製紙は様々な国に紙を輸出していた。一番多かったのはオーストラリアの印刷会社向けだ。他にもニュージーランド、インド、東南アジア諸国、台湾、中国にも紙を使ってもらっている。アメリカの週刊誌『ＴＩＭＥ』の薄い紙も、ここ日本製紙石巻工場の製品だった。

海外の出版社は日本の津波のニュースを知っていた。ほとんどの社が、事情を察して、見舞いの言葉と「こちらのことは気にするな」というメールを送ってきた。長年コツコツと販路を開いて信頼を築いてきた顧客たちだった。

さらに日本製紙の他工場に連絡をして、石巻工場で作っていた紙を、そちらの工場で作れないか打診するとともに、王子、北越紀州《ほくえつきしゅう》、丸住《まるすみ》などの製紙会社に連絡を取り、紙の供給を途切れさせないように助けてほしいと呼びかけた。

出版社はリスクヘッジのために他社の紙と併用している。他社が石巻工場の分の紙を作ることは可能だ。「困った時はお互い様だから」と各メーカーはできる限りの協力を約束してくれた。

特に出荷が差し迫った出版社向けの紙について、王子製紙の決断には頭が下がったと信一は言う。

「お客様のところに足を運ぶのと同時に、王子製紙さんにお伺いして、できるだけのバックアップをお願いしました。すると『どんなことをしてでも、日本製紙さんの分まで出版用紙を最優先で作ります』とおっしゃってくださった」

コミックも8号を待っていた。また石巻工場には、N4マシンもある。これは『CanCam』など女性誌で使われる出版系のグラビア用紙や教科書、参考書などの用紙を抄造している。

信一は決断した。

「石巻には申しわけないが、8号、N4の順番に回してもらおう。全国の出版社が待っている。これ以上待たせるわけにはいかない」

信一の出版用紙にかける想いは、並々ならぬものがあった。彼もまた出版社とともに歩んできたのである。

「日本製紙のDNAは出版用紙にあります。我々には、出版社とともに戦前からやってきたという自負がある。出版社と我々には固い絆がある。ここで立ち上げる順番は、どうしても出版社を中心にしたものでなければならなかったのです」

一九八一年、信一は営業部に初めて配属され、ある文庫本の開発に携《たずさ》わった。それが角川文庫だ。

当時文庫と言えば、紙の表面に薬品を塗り、圧力をかけて光沢を出すスーパーカレンダー加工が一般的だった。紙はできるだけ薄くして、ページをなるべくたくさん増やせるようにするもので、これをスーパー文庫と言った。

しかし、角川の担当者は、もっと新しい紙を模索していた。そこでチャレンジしたのが微塗工紙だ。紙の表面には女性のファンデーションのように薄づきの化粧を施し、ナチュラルな風合いを出すのである。紙の大きさも今までにない大きさの紙を作ることで、いっぺんに一二八ページが取れるようにした。トライアルでは様々なトラブルに直面したが、彼らには共通認識があった。

「とにかく良い本、良い紙を、とお互い一生懸命でした。そしてその先には、お客様に対して何らかのプラスアルファになるものを提供しようという想いがあったんですよね。現場で紙を作っている者たちはみんなそういう気持ちだったと思います。

文庫本はおわかりのように、ヒットすれば数万部から何百万部になってしまう世界です。講談社の『永遠の0《ゼロ》』はまだどんどん売れていますが、あれも数万から始まって、もう四〇〇万部です。そうなったら、どんなことがあっても紙を切らすことができない。『ちょっと待ってください』とは言えないんです。

それは、我々と出版社との絶対の信頼関係の上に成り立っています。『文庫を頼む』と出版社に言われた瞬間に、覚悟をするんですよ。何があってもやる。何があっても紙は供給し続けるんだと。私たちには出版社との約束があるんです。そしてその約束を守るのは、やっぱり石巻しかできない。我々も8号にしてくださいとお願いするのは、現場の方々のご苦労を聞いているだけにつらかった。でも現場はわかってくれたんだと思います」

震災発生時に抄いていた角川文庫の文庫用紙については、日本製紙富士工場に紙の「レシピ」をもとに製造してもらうこととなった。

しかし、違う工場で、まったく同じものができるかと言われると、やはりそれは不可能だった。最も大きいのは原料の違いだ。石巻工場で文庫本を作る時には、機械パルプが入っている。富士工場には機械パルプの製造設備がないため、化学パルプのみで作らなければならない。限りなく似たものは作れる。これを石巻工場の品質に、どこまで近づけることができるかは、技術者の腕にかかってくる。テストを積み重ね、その結果を見なければ角川は首を縦に振ってはくれないだろうと、信一は思っていた。

〈工場が代われば、角川さんも不安になるだろう〉

しかし、角川書店の会長はこう言ったという。

「日本製紙さんの技術と品質に対する考え方は十分理解できているから、テストはいらない。石巻の品質を再現できていると我々は確信しているから、富士工場さんで作ってくれ」

信一はそれを聞いて涙が出た。今まで信頼関係を築いてきた結果が、その言葉だった。角川は、工場の技術と努力をわかってくれている。

そして、石巻工場の復興は出版業界に待たれているのだ。そう信一は確信した。日本製紙は、なぜこんなにも必死になって石巻を立て直そうとするのか。それは結局のところ、出版社を経て、我々の手元にやってくる本のためなのである。彼らの出版に対する供給責任を当然だと思う理由はどこにもない。出版は、年々縮小傾向にあるのだ。彼らが震災を機に早目に方向転換を図るという可能性は、ゼロではないだろう。

もし、石巻工場が閉鎖となったら、出版業界はどうなっていただろう。電子書籍化に拍車がかかり、出版は電子化へとなだれ込み、新しいメディアの時代がやってきただろうか。それともほかの工場にシェアが移っていただろうか。いずれにしても出版業界を揺るがす事件だったに違いない。

振り返ってみれば、東日本大震災は、この国がこれから辿る道を選びなおす岐路《きろ》でもあったと言えるだろう。

大きな傷を負った日本製紙は、なおも出版を支えようとした。この決断は、人々の家の本棚に、何年も何十年も所蔵される紙を作っているという誇りから来るものだ。

「石巻も精いっぱいやっている。我々も頑張ろう。紙の供給を滞《とどこお》らせないように精いっぱいの対応をするんだ」

信一は檄《げき》を飛ばし、営業の社員たちは連日徹夜で対応に追われた。

4

8号から立ち上げようとする動きを、ずっと待ち望んでいた男がいた。

8号の親分、佐藤憲昭だ。彼は同じ建屋に並べて置かれた7号機のリーダーも兼ねていた。

憲昭は、いかにも現場の親分といった、ヘルメットの奥で光る目の鋭さが印象的な男だ。しかし、独特のユーモアのある語り口は温かく、上司からも部下からも信頼が厚い。

「憲昭さんは名物親分ですよ」と、誰もが口をそろえる。

震災の翌日、憲昭はマシンを見に行っている。マシンは鉄筋コンクリートで造られた堅牢な建屋の二階にあり、津波はその高さまでは来なかった。

しかし、このマシンの地下茎《ちかけい》ともいうべき無数のパイプや電線、ケーブルは、一階部分につながっている。これが原料を運ぶマシンの内臓と、電気系統やシステムをつなぐ血管である。ここがグチャグチャにやられていた。

「見た目は無傷で、回せるという感触は直感ではあったよね。一階部分は二メートルの浸水があった。そこに遺体があるのではないかと真剣に探したが、幸いなことに8号の建屋にはなかった。しかし、それから一か月ぐらいはまるで手つかずだったよ」

死んだように動かなくなった全長一一一メートルのマシンには、紙粉《しふん》と呼ばれる白い粉がうっすらと降り積もっていた。

いつもは互いの声が聞こえないほどの運転音に満ちた建屋には、この日、何の音もしなかった。

ふたつの巨大な兄弟マシンをあとにして帰る時、憲昭は〈かわいそうに……〉と思った。

〈きっと、回してやっからな〉

当初はN6が最初の一台だと決定していたので、工期には余裕があった。

しかし、まるで恋人からのラブコールを待つかのように、心のどこかで憲昭は淡い期待を抱いていた。

〈出版社からの要請があって、ひょっとしたら8号にお呼びがかかるんじゃねえか？〉

出版業界は8号の立ち上げを何より待ち望んでいるはずだ。

ほかの工場でフォローするにしても限界がある。そして何より自分たちが出版文化を支えてきたのだ、という強い自負が憲昭にはあった。現に日本の出版用紙の約四割を日本製紙が供給してきたのだ。

〈きっと、出版社は自分たちの紙を待っている。出版社が8号を放っておくはずがない〉

だからN6の復旧作業が進んでいっても、なお彼は、8号に声がかかる日を待っていた。

「石巻の8号といえば、出版社にはちょっとは知られた存在なんですよ」

しかし、いったいどれぐらいの人が彼らのことを知っていただろう。

私の周りの出版関係者の多くは、震災があるまで東北で紙が作られていることすら知らなかったのだ。

それでも憲昭は周囲にこんな言葉を漏らしている。

「石巻で最初に動かすのは、やっぱり8号だろうよ。なんか俺はN6じゃなくて、8号に『来る』と思うんだよね」


憲昭も三月一一日までは、これほど大きな津波など起きるはずがないと思っていた。

「津波のツの字も予想していなかった。ただ、単純にマシンが倒壊すると困るから、ここから出なくてはいけないと思っていただけです」

避難する最中はまだ電話がつながっていた。岩国工場から電話を受けた時の会話では、憲昭独特のユーモアが出る余裕があった。

「ノリさん生きてるか？」

「しゃべってるもん、生きてるよ」

「大船渡《おおふなと》とか、水が二階まで上がってきたらしいよ。そっち大丈夫？」

その言葉を聞いた途端、眼下の南浜町に津波が押し寄せた。

彼の子どもたちは、学校の関係で家から離れた場所で暮らしていた。しかし、彼の家は大川地区にあり、家には両親と老犬一頭がいる。

工場からは約二四キロの距離があったが、何とかして家に戻りたい。だが、北上川の堤防が切れて、家に行くまでの道路はなくなっていた。三日目もまだ水は胸まであったが、憲昭はどうしても帰ろうと心に決めた。もし背が立たなくなったら消防団をしている友人に、ボートを出してもらえばいい。

うっすらと雪が積もっていた。だがもう猶予はならなかった。

〈行くぞ〉

憲昭の上に雪が降りかかった。憲昭はナップサックを背負うと、大川地区に向かって歩き始めた。途中で友人に六段変速のギアのついた自転車を借りた。

しばらく走ると、バットを持ってブラブラしている若者たちに遭う。

不思議に思っていると、彼らは憲昭の目の前でコンビニのガラスを破って、中へ入っていった。

「日本人は節度があるなんていうけど、いろんな人がいたよね。みんなは食いもん持ってるんだけど、そのあんちゃんは金属バット持っててさ。かといって人を殴ったりはしてなかったけどね。途中で山形から来た自衛隊と行きあいました。水を飲ませてくれたんだよ。自衛隊が来てくれて、我々を見捨てないでいてくれたと思うとうれしかったよね」

雪が憲昭の上に降ってくる。

〈先を急がねば〉

途中の商店に「たばこあります」という貼り紙があった。

ふらふらと入っていくと、店番の男が出てきた。憲昭のただならぬ様子に何かを察したのだろう。「どっから来たの？」と聞いてくる。

「石巻から」

「会社はどこ？」

「日本製紙です」

「ええっ？　俺ＯＢよ。こんなとこまでよく来たなあ……。寒かったろう、ちょっと上がってコーヒー飲んでいけ」

道中の苦労を思ったのか、男は熱いコーヒーを淹れてくれた。

〈優しい人もいるもんだなあ〉

憲昭が、礼を言ってその場を辞そうとすると、これからの道中を思ったのか、それとも、何かをしてやりたいとでも思ったのか、慌てて家の中に入ると、すぐに出てきて、

「これも持っていけ」と、ホウレンソウを一束差し出した。

「何でホウレンソウか俺にはよくわかんなかったけっど、とにかくなんか持たせねばと思ったんでしょうね。うれしかった」

さらに七時間自転車で走り、やっと大川地区の公民館に辿り着いた。

公民館には知り合いの主婦たちが集まっていたが、みな顔色がさえない。

「どうした？　なんかあったのか？」

すると、深刻な顔をした女たちが、声をひそめてこう言った。

「大川小の子どもたちが、流されたのよ」

「……うそだろう？」

女性は言ったそばから、目を赤くしている。

憲昭の子どもたちも大川小学校の卒業生だった。大川小学校はとても規模の小さな学校で、娘がいたころは一学年二クラスほどしかなかった。父母と教師たちも仲がよく、親どうしもみな顔なじみだった。憲昭は、この小学校のＰＴＡ会長をやっていたこともある。

「まさか……」

重い気持ちをひきずったまま家を目指す。途中、人々が集まっているので行ってみると、冷たい沼の中に、知り合いの遺体が沈んでいた。ふやけてはいたものの、誰なのかはわかった。

憲昭には、なぜか悲しいという感情がすっぽりとなくなっていた。

「こんなに冷たいところにいるのはかわいそうだから、早く水の中から引き上げてあげよう」

周辺の釜谷《かまや》集落の一〇八世帯すべてが、震災の津波によって消滅してしまった。この地域の死者、行方不明者は一九七名にのぼっている。大川地区では、間垣《まがき》、長面《ながつら》、尾崎《おざき》の集落でも、すべての世帯が全壊。釜谷と合わせると四つの集落が水底に消えてしまった。

憲昭の子どもたちが自転車で駆け回っていた、穏やかな田園風景が湖になっていた。

やっと辿り着くと、憲昭の家は山側で奇跡的に残っていた。

家に戻ると、二二歳の老犬タマが憲昭の帰りを待っていた。

「おお、タマ生きてたか」

人間でいえば一〇〇歳を超える老犬だ。犬は主人の顔を見ると安心したように息を引き取った。

5

その後、海の近くの介護施設で働いていた妻の無事が確認された。

8号を最初に回すという決定に憲昭は興奮した。

〈やっぱりそうだろう。国内の出版の方々が8号を見捨てないでいてくれた！〉

憲昭はしみじみと言う。

「文庫ひとつを取っても、いろんな人が考えて作ってるんですよ。

文庫っていうのはね、みんな色が違うんです。講談社が若干黄色、角川が赤くて、新潮社がめっちゃ赤。普段はざっくり白というイメージしかないかもしれないけど、出版社は文庫の色に『これが俺たちの色だ』っていう強い誇りを持ってるんです。特に角川の赤は特徴的でね、角川オレンジとでも言うんでしょうか」

色あせを防止するために、紙の性質自体にも工夫が凝らされている。

「かつて文庫用紙は酸性だったんですよ。しかし今から二〇年ほど前に、pH7からpH8ぐらいの中性紙を開発したんです。当時、日本中の製紙会社が競って中性紙を開発していました。従来の酸性紙はpHが酸性からアルカリ性に振れてきて退色します。ほら、古い文庫本を開くと、焼けて茶色くなっちゃってるのがあるでしょう？　あれが退色です。でも、中性っていうのは自然界にある状態なので、ずっと色もちしやすいんです」

当時、憲昭は出版社に行って、中性紙のメリット、デメリットを説明したことがある。

一番のメリットは退色しづらいことである。

デメリットは軽質炭酸カルシウムを使うので、断裁面がブロッキングといってくっついてしまい、めくり感が悪くなることや、印刷機の刃物が摩耗しやすいということだった。

だがデメリットは当初言われたほどではなかった。今、日本で製造されている紙のほぼ一〇〇パーセントが中性紙だ。その開発に携わったのが憲昭ら技術者たちなのだ。

出版社にとって文庫は顔である。その紙の品質をいつも同じように保つことは、製紙会社の大事な使命だった。

文庫の品質に対する出版社のこだわりは妥協がない。色が少しでも違うと、断面にまるで地層のような微妙な色違いの縞《しま》ができてしまう。これは「トラ（虎）になる」と言って嫌われた。

石巻工場が作るのは、文庫本の紙だけではない。憲昭の娘の礼菜《あやな》は、小さい頃父親がこんなことを言っていたのをよく覚えている。

「紙にはいろんな種類があるんだぞ。教科書は毎日めくっても、水に浸かっても、破れないように丈夫に作られているだろ？　コミックにも工夫がいっぱいあるんだ。薄い紙で作ったら、文庫本の厚さぐらいしかなくなっちまう。それじゃあ子どもが喜ばない。

手に取ってうれしくなるように、ゴージャスにぶわっと厚く作って、しかも友達の家に持っていくのにも重くないようにできてる。これな、結構すごい技術なんだぞ」

憲昭の言葉は、いつも紙に対する愛情にあふれていた。

「小さい頃は父が何をやっているのか、よくわかりませんでした。夜でも呼び出されてすぐに出かけていっちゃう。頼りにされているんだなと思います。父はよく早期退職しちゃおうかな、なんて言っているけど、弟と『仕事中毒だよね、絶対辞めるわけない』と話してるんです」

憲昭は言う。「トラブルで工場から電話がかかってきたら、どんなに夜遅くても出るというのは鉄則です。何かあったら、工場に行きます。別に何してやれるわけじゃない。ただ、責任は俺が持ってやるから大丈夫だと、安心してもらうためにいるだけです。紙だってね、優秀なオペレーターたちが頑張って作ってるんです。奴らの頑張りがあるから、いい紙ができる」

8号抄紙機の建屋には、並行して7号が置かれている。7号は震災当時、塗工紙の原紙を作るマシンだったが、憲昭はこのふたつの機械を受け持っていた。どの抄紙機のオペレーターたちもみな、自分の機械に誇りを持っている。今回のように優先順位をつけられて、複雑な気持ちの従業員たちもいたに違いない。

7号、8号は双子のように並んで紙を作ってきた。7号の調子が悪くなれば8号のオペレーターが応援に行き、8号の調子が悪くなれば7号が助けに行く。そうやって動かしてきたのだ。

憲昭は、7号のオペレーターたちにこう頼んだ。

「お前ら、8号がうまく動くように祈ってくれ。みんなで成功祈願の千羽鶴を折ってくれ」

7号のオペレーターたちは「なんで、大《だい》の大人が鶴なんて」とぶつぶつ言いながらも、8号のために、背中を丸めて一羽、一羽、鶴を折り始めた。

8号がうまく回りますように。

彼らはひたすらそう祈った。

近所の人々は憲昭を見るとこう声をかける。

「パルプさんは、いつ復旧するの？」

「もうすぐだ。頑張ってっからな」

「パルプさんが元気ないと、私たちも元気でないよ」

古くからの住民は、日本製紙を「パルプさん」、あるいは合併前の「十條さん」と呼んだ。彼らからそう声をかけられると憲昭は、自分ができることをただやるしかない、と心を新たにした。

憲昭は8号が動く日を夢見ていた。

「8号はね、結構多品種を作っているんですよ。二〇種類ぐらいかな。平均紙替え回数が月に二三回から二四回。同じ製品でも厚さの違うものが何種類もあるんですよ。それを入れると一〇〇種類ぐらいはあるんじゃないかな。

機械に魂なんてこもっていないと思うでしょ？　でも、8号は魂を感じるマシンでね。ほかの機械はドカーンと一気に壊れるんですが、8号はじゃじゃ馬というかだだっ子というか、昨日、今日とシグナルを出して、『いじってくれなかったら壊れちゃうよ』とすねるんです。それで手を加えてやるとすぐに機嫌がよくなる。

感覚で言ったら『姫』みたいな感じだな。

7号は震度5の時にバターッと止まったんです。でも、8号はびくともしなかった。すげえなあと思ってたら、震度3の時に、ほかの機械は何でもなかったのに、こいつひとりで止まりやがった。なんやあ、こいつかわいいなあって。

8号はもうすぐ五〇歳になる古い抄紙機でね。アナログ機だ。N6はオートフォーカスのカメラみたいなもんだ。シャッターを切れば、それがイタリア人だろうが、中国人だろうが、同じように撮れる。けど、8号は微妙な調節が必要なんだよ。難しいが、だからこそ面白い。8号が作った紙は書店でもすぐわかる。独特のクセがあるからよ。触りゃあ、わかります。

書店で自分の作った紙に会ったらどう思うかって？　『ようっ』って感じですね。震災直後、風呂にも入れない、買い物も不自由。そんなささくれだった被災生活の中で、車に乗って俺たち家族はどこへ行ったと思う？　書店だったんですよ。心がどんどんがさつになっていくなか、俺が行きたかったのは書店でした。

俺たちには、出版を支えているっていう誇りがあります。俺たちはどんな要求にも応えられる。出版社にどんなものを注文されても、作ってみせる自信があります」

6

ある日、倉庫に調査に入った従業員のひとりが、驚きの声を上げた。
「どうした？」と集まってきた同僚たちは、その光景を見てそこに立ち尽くした。
目線の先にあったのは、巻取だったのだ。

方々からもオペレーターたちが集まってきて、みなそれを見てしばらくたたずんでいた。

復旧作業の中、奇跡的に無傷のまま、角川文庫用紙のロール（原反巻取）が静かに出番を待っていたのである。

営業の佐藤信一が開発に携わり、オペレーターたちが技術の粋《すい》を集めて、丹念に抄いた〝角川オレンジ〟がそこにある。

あの激しい揺れと津波の中、なぜこの紙だけが助かったのか、なぜ今まで誰も気づかなかったのか、わからない。

まるで唐突に、何かの宣託《せんたく》のように、今そこに置かれたばかりのような姿で、ロールが立っているのだ。

オペレーターたちは、あの日、抄いていた角川文庫の紙が、目の前に現れたのを見て、不思議なものを感じた。

「営業に知らせろ！」

その知らせはただちに東京本社にもたらされた。

これを聞いたのが、東京本社で働いていた営業部の加藤俊だ。

工場から震災当日のロールが見つかった。それが使えそうなので送る、という一報は、彼に喜びというよりは当惑をもたらした。

〈被災した紙なんか、使えるかな〉

工場ではカッター設備が復旧していなかったため、巨大なロールのまま、羽田空港の近くにある断裁所に運ばれることになった。そこで、角川の紙の仕入れ担当者と品質を確かめるため、立ちあうこととなったのである。

「実はあの時どういうわけか、紙が助かって、『やった』とか『よかった』という気持ちにはなれませんでした。むしろ断裁所に向かう道中では、不謹慎なことに後ろ暗い好奇心が沸いてきて、『きっと汚れたり、よれたりして、ぐしゃぐしゃになっているに違いない』と思っていました。見るのが恐ろしいような、でもどこかで怖いもの見たさのような気分だったと思います」

加藤の目の前に現れたのは、オレンジ色のラップに包まれた直径二メートル、高さ一八二センチのロールだ。

いつもはシート状にカットされて、ラミネート加工の茶色い包装紙に包まれた平判しか見ていない加藤には、オレンジ色のラップにグルグル巻きになった姿が一層禍々《まがまが》しく感じられた。

角川の担当者とふたりで、ロールに目を凝らす。

ラップの奥から覗いているのは、どこまでも滑らかな紙の表面であり、わずかな傷すら見つからない。ふたりはむきになって細かく調べた。だが、震災当日に作っていたという石巻製品は、色白の女の肌のように一層美しく、むしろ完璧だったのだ。そうとわかった時、加藤の全身に鳥肌が立った。

「これは大丈夫そうじゃないか？」

品質に厳しい角川の発注調達部長が、それを見てつぶやいた。

カッターを入れてみると、中も無事だ。いつもの製品と変わらず、廃棄部分はほとんどなかった。

この「奇跡」の文庫用紙はその後、本に加工されて、今も誰かの本棚に挿されているはずだ。

第五章　たすきをつなぐ

2011年4月25日、煙突に掲げられたこいのぼり

紙の製造マシンである抄紙機を動かす、と一言で言っても、周辺の様々な設備の立ち上げも不可欠だ。

もっとも復旧が急がれるのは、ボイラーとタービンだ。そしてボイラーを立ち上げるためには、東北電力から電気を引いてくる必要がある。

電気課の池内は、その穏やかな人柄から出る柔和《にゅうわ》な口調で、〈これは無理だ〉と思ったと、当時の心境を吐露する。

「電気設備のほとんどがやられているという、どうしようもない状態でした。たいてい電気は一階にあるんですが、それがみんな塩水に浸かったんですよ。まあ、六割以上はみんなダメ。大丈夫だったのは二階にあったものだけです」

しかし池内ら電気課が、復興への第一歩を進める第一走者だ。

「まずやらなければならないのは、ボイラーへの送電線の設置です。工場の外壁に沿うようにして張り巡らされた六万六〇〇〇ボルトの特別高圧ケーブルは、ラックごとなぎ倒されて、流されてしまっていたんです。ケーブルは被災地のいたるところで必要とされ、入手困難な状況でした」

復旧に着手したくとも、ケーブルが手に入らない以上なすすべがなかった。特別高圧ケーブルは汎用性《はんようせい》が高く、住宅地にも電気を送れる。品薄になるのも当然のことだった。

ケーブルが調達できないことを報告に行ったのは金森だ。

「工場長は一切ぶれませんでした。『震災でケーブルが調達できません』という言い訳は通用しないんです。倉田に報告に行くと、『お前、どんな探し方したんだ？　探す気あんのか？』と、かなりきつく言われました。『絶対ないと言えるか？　ほかの可能性を探ったか？　ないなら廃業した工場からひっぺがしてこい！』と。万事においてこういう調子でした。

課長連中が上げる言葉は、たいてい『無理』『できない』という報告なんです。被災直後だから、当然なんですよ。しかし、こうこうこういう理由でできませんという報告を上げると、烈火のごとく怒る。体育会系のノリですよ。

そこでまた『自分のやり方が正しいのか』『本当にやれているのか』と課題の洗い直しをさせられる。で、可能性を見てみると、やってないところがやっぱりある。『そうしたらやれよ』と。一切譲りませんでしたね。

工事業者さんから、この納期では無理、と言われるのはもう日常茶飯事ですよ。それを何とかお願いして『半年でやるぞ』と説得するわけです。その熱意が伝わったんでしょうね。普通だったら半年かかる工期を、じゃあ一か月でやりましょうと請け負ってくれた。足場を組むのも、一か月かかるところを、突貫工事でやってくれました。工事業者さんたちの努力の積み重ねですよ」

特別高圧ケーブルの確保は、東京本社やすべての支店に最重要事項として託された。本社はただちに海外にまで手配を広げ、必死の思いで手に入れている。

池内は「やれることをやるだけだ」と腹をくくった。

この日から不眠不休の日々が続く。北海道から九州までの工場から電気屋がやってきた。日本製紙だけではなく、関連会社からも電気設備の専門家たちが呼び寄せられている。工場は一キロ四方で、そのうち三方の壁約七五〇メートルにケーブルを張っていった。ポールを立ててケーブルを入れるラックをつないでいく。

さらに難題だったのは、水に浸かった七〇〇〇弱のモーターをどうやって復旧させていくかだ。真水ならまだしも塩水だ。新品に交換するにも、震災直後の混乱で、発注してもどれだけ時間がかかるかわからなかった。全部を注文し、新しいものと交換していたら、いったい何年必要だろうか。

　ここで彼らは、驚くような応急処置を始めた。

「モーターをでっかい釜の中に入れて煮るんです。そうやって塩抜きして、絶縁処理して、ベアリングを交換して。六〇〇〇台も七〇〇〇台も整備するのはとても無理。そこで立ち上げの順番にとりあえず整備しようと。とにかく数が膨大です。なんとかここまで、という目標を掲げて頑張りましょう、もしダメだったら、その時は相談しましょうという感じです。プレッシャーよりは、『やれるだけやろう』っていう、どちらかというと前向きな気持ちだったと思います」

　倉田も「こんなやり方があるとは知らなかったな」と驚いた。試してみると、きちんと動いたのである。

　池内はこう説明する。

「もちろん、動かしているうちに錆《さ》びてきて、交換することも必要となってくるでしょう。しかし工期に間に合わせるためには、まずは動かすこと。そしてダメになったところを、通していこうと思いました」

　電気課の粘り強い地道な努力によって、七月一二日という周囲が驚くような早さで、工程通り6号ボイラーに電気が通った。

目標の半年復興まであと二か月。

工場内は色めきたった。「すごい！」と思うのと同時に、本当に工期通りに仕上げてきた、という驚きが走ったのである。電気がここまで頑張ったのだ。もう誰も下手な言い訳はできないという雰囲気に包まれていた。

〈自分のところで遅れさせるわけにはいかない〉

その重圧が、次に立ち上げるべき設備の課員にずっしりとかかった。

金森は言う。

「これは駅伝だと思いました。いったんたすきを預けられた課は、どんなにくたくたでも、困難でも、次の走者にたすきを渡さなければならない。リタイアするわけにもいかず、大幅に遅れてブレーキになるわけにもいかない過酷な長距離走です」

そこには「うちの課が迷惑をかけることがあってはならない」という課ごとの矜持もあり、なんとか頑張って工場を動かしたいという純粋な願いもあった。

倉田は言う。

「平時は社内に敵も多い。でも今回は、目標はひとつであり労《ろう》も使《し》もない。そういう意味で工場内が一丸になって突き進んでいけたと言えるでしょうね」

第一走者の思いもよらぬ快走でたすきを渡された玉井ら原動課は、全速力で目標の工期に向かって走り出すことになった。

2

作業が本格的になると、異なる部署が同じ場所で作業をするため、思わぬ事故を招くおそれがあった。工事に入った作業員の数は一日約一〇〇〇人。近い場所で違う作業が同時に行われることもある。重機も往来する中での作業は、危険を極めた。

倉田は、とにかく死傷者を出さないように、細心の注意を払って作業を進めるよう指示を出した。安全確認作業を徹底させ、朝に管理者でミーティングをし、次に課内でミーティングをする。そして終了時に再度ミーティングをして、コミュニケーションを密にした。

金森は言う。

「みんな疲弊していた。けがをしやすい状況なのに、よく大きな事故が起きなかった」

玉井の所属する原動課、つまりボイラーを担当する従業員たちも、頻繁にミーティングを開いた。

被災した当初、自重でたわむのではないかと心配されたタービンは、幸いなことに無傷だった。

しかし何しろタービンが回らなければ、工場は動き出さない。工場の命運が彼らの手腕にかかっていると言っても過言ではなかった。

抄紙機などのマシンが立ち上がるのは、ボイラーが稼働してからだ。

石巻のボイラーは全部で七缶。ボイラー建屋は最も海に近いところにあり、流入した土砂や瓦礫も大量だった。まだ工期に余裕のある課は休みを入れていたが、原動課は休んでいたら期日に間に合わない。この課は、工場の用排水も管轄していた。範囲がとにかく膨大だった。

彼らの作業は電気課がまだ設備を復旧していない時期に始まったので、最初のうちは昼間しか作業できないという制約もあった。

毎日疲れた体をひきずって、瓦礫撤去から始めた。単調な瓦礫処理に、従業員たちには精神的にも疲れがたまっていた。この頃、工期が迫っていたのは電気、電装など限られた課だけだった。

玉井は、円陣を組んだ従業員の顔を、ひとりひとり見回して言った。

「みんな聞いてくれ。毎日瓦礫処理は大変だろうと思う。疲れてもくるだろう。でも、これだけは約束してほしい。決して課員の悪口を言うな。被災している人もたくさんいる。家族が亡くなっている者も、家が流された者もいる。それぞれ人によって事情があるんだから、誰かが出てこられなくても文句を言うなよ。それから、よその課はまだ工期に余裕がある。彼らの悪口も言うな。出てこられない人の分までカバーして、みんなでもう一度タービンを回そう。あの煙突にもう一度、白い蒸気を上げよう」

集まった従業員は、真剣な顔をしてその言葉にうなずいた。

輪の中には、応援に来た地元の業者もいる。彼らは被災しているにもかかわらず、毎日精力的に働いて、大きな力となった。宿泊所も軒並み被災し、泊まるところもない。朝五時に山形から出てきて、二時間かけてまた帰っていく作業員もいた。玉井はその姿に頭が下がった。

街はまるで空襲にでもあったかのような焼け野原となっており、その光景が延々と続いている。明るい話など、ほとんど聞かれることはなかった。

あそこで何人、誰かの家族が何人、と死亡者の数が増えていく。そんな状況の中での工場の復旧は、自分たちの力で唯一手に入れることのできる未来だったのかもしれない。

そこに向けて作業している時だけ、微《かす》かに具体的な展望を思い描くことができた。腹は減り体は疲れていたが、彼らは復興という具体的な目標にひた走った。

来る日も来る日も瓦礫の撤去作業は続く。暖かい日もあったが、ときおりやってくる肌寒い日にはみな、手足がかじかんだ。

ある日、キャンプ好きの課員がバーベキューセットを持ち込んで、味噌汁を作りみんなにふるまった。具材はほとんど手に入らない時期だ。汁の中に申し訳程度の野菜が浮かんでいるだけだった。

しかし、これが疲れ果てた体にしみてほっとした気持ちになる。この一杯で現場が明るくなるのを玉井は感じた。

「これ、いいな。毎日やろうか。業者さんたちにも食べてもらおう。みんなで少しでも楽しくやろう」

管理職たちが金を出しあって、具材を買いに行かせ、毎日汁物を作ることになった。その量およそ七〇人分。

「みんな、朝から夕方までひたすら瓦礫を撤去する。つらかったと思います。士気を落とさず、けがなどしないでいてもらう。そして、いかにモチベーションを上げてもらうかが、私たちの一番の課題でした」

これが娯楽の少ない時期、作業員たちのささやかなストレス解消になった。しかし、後日談で味噌汁を作っていた課員がこう漏らしている。

「実はあの頃、どこにも具材が売ってなくて、手に入れるのに苦労していたんですよ」

この昼の炊き出しは四月から六月まで約三か月続いた。食材調達係は当時、一言も愚《ぐ》痴《ち》をこぼさなかった。


毎日の努力によって瓦礫は着実に減っていった。もうすぐめどがつく。そう誰もが思った頃に、トラブルが持ち上がった。


ボイラーには石炭ボイラーや、バイオマスボイラーなど、様々な種類のボイラーがある。その中のひとつ、回収ボイラーの燃料は濃黒液《のうこくえき》と呼ばれるものだ。

黒液とはパルプの生成過程で取りだされるリグニンという物質で、樹木の繊維をくっつける接着剤のような役割を果たしている。これを濃縮したものを、ボイラーで燃やすことで、蒸気を発生させ、タービンを回し、電力を作りだすのである。

作業員たちは、泥掻きと並行し、部品を取り外して整備を始めた。ある日、外したのは濃黒液ポンプだった。しかし作業員は、バルブが開いていることに気づかなかった。濃黒液はドロドロしたものなのですぐには垂れてこない。大丈夫だと思い、そのまま帰ってしまったのだ。

翌朝、構内に入った作業員たちは言葉を失った。

建屋の中は、水飴のように粘りつく濃黒液で一面真っ黒に汚れていた。アルカリ性なので、皮膚につけば皮膚炎を起こしてしまう。これが服にも手袋にもべったりとこびりつき、一旦踏めばねばりついて足が取られる。

「そんな……」

建屋内は重機では対応できない。人力で除去するしか方法はない。

「ひしゃくでくみ出そう」

その日から、ねばつく濃黒液をひしゃくで延々と掬《すく》う日々が始まった。回収した量はドラム缶で実に五〇〇本以上。それを彼らは這いつくばるようにして、黙々と掬いつくした。

それは四月が終わる頃、ボイラーの煙突からはまだ白煙が上がっていない。

石巻のランドマークともいえる巨大な煙突だ。高速のインターを降りると、必ず日本製紙の煙突から白い水蒸気が、勢いよく立ちのぼるのが見えたものだ。

毎日煙の上がらない煙突を眺めていた倉田が、腹心の福島に言った。

「福島君、あれをあげるか」

福島の人懐っこい顔がますます笑顔になった。

「ええ、やりましょう。工場長！」

ただちに業者から取り寄せられたのは、倉田が旭川時代にもあげていた真っ白のこいのぼりだ。

四月二五日、煙突に「Ｐｏｗｅｒ　ｏｆ　Ｎｉｐｐｏｎ」「今こそ団結、石巻」と手書きで大きく描かれたこいのぼりがはためいた。

これは工場からのメッセージだ。

〈見てくれ！　俺たちもここで頑張っているぞ〉

工場周辺を歩けば、瓦礫に交ざってサッカーボールや子ども靴が転がっており、かつて誰かの庭だっただろう地面にも、少しずつ雑草が生え始めていた。人のいない大地に海風が吹くと、瓦礫の中のビニールがパタパタという音を立ててはためいた。瓦礫にはあちこちに遺体捜索終了のテープがくくられている。地盤沈下が激しく、海の近くは大潮になるたびに水が溜まり、ポチャポチャと波打った。

工場の煙突にはまだ白煙は上がらず、死に絶えたような風景が広がっている。しかし、彼らは必死になって工場を立ち上げようとしていた。それが自分たちにできる精いっぱいのことだった。そしてこのことが、少しでも地域のためになるのだと信じるほかはなかった。

その日、石巻に流れるFMラジオからは、トラックドライバーのこんな声が聞こえてきた。

「日本製紙の近所を通ったら、煙突にこいのぼりが上がっているのが見えたんですよ。ああいうのを見ると勇気づけられるよ。いいもんだね」

被災地の空に、白煙の代わりにこいのぼりが力強く泳いだ。

それから約三か月後、過酷な復旧作業が続いていた八月一〇日一〇時三〇分。

半年復興まであと一か月。

ようやく6号ボイラーに火が入れられた。

高い煙突から一筋の白い水蒸気が力強く上がり、青く澄んだ空に消えていく。みな感慨深げにそれを見上げた。これが見慣れた工場の風景だ。いよいよ工場の「心臓」が動き出したのだ。従業員たちはそれを見上げて思った。

――復興ののろしは上がった。

玉井は次の日のミーティングで、市民から来たというメールを読み上げた。メールの主は震災で石巻に帰ってきた人だという。

「私は日本製紙の煙突の白煙が長いこと好きではありませんでした。でも震災が起きて、煙突から煙が出ないのを見て、さびしく思っていました。今日、煙突からまた白い煙が上がるのを見て、とても勇気づけられました。私たちも負けずに頑張ろうと思います」

読み上げる玉井の目頭が熱くなる。見れば応援の作業員たちも、玉井の部下たちもみな泣いていた。

「さあ、まだまだやることはある。気を引き締めて、けがをすることなく頑張ってくれ」

その言葉に一同は力強くうなずいた。

原動課もまた工程表通りにボイラーを立ち上げた。「駅伝のたすき」は次の走者に渡される。

〈ひょっとしたら本当に半年で工場は動くのではないか〉

誰もが、奇跡でも起こらなければ不可能だと思った半年復興が、現実になりつつあることを感じていた。

3

日本製紙には出入りの関連業者がいくつかある。南光運輸、マルタカなどがそれにあたる。工場が動かず仕事がなくなってしまったため、業者は給料が払えず、一時期は会社の存続が危ぶまれた。だが瓦礫処理の作業をすることで、彼らの雇用は守られた。

「被災されている従業員もたくさんいます。仕事を失ったら、みんなどうやって生きていったらいいのかと途方に暮れていました」

関連会社の社長がそう漏らしたように、雇用の確保は、被災者にとって最大の問題だった。

マルタカの社員、吉田《よしだ》健一《けんいち》（53）は、いかにも人のよさそうな口ぶりで、当時のことを振り返った。

「石巻工場が再建されるとは思わなかったよ。もう仕事を失うかと思ったもんねえ。震災が起きて二週間たっても水道電気も復旧しないし、通信網も遮断されていて、人づてで聞くことが情報のすべてだった。みんな、『日本製紙つぶれんぞ』って言うんだ。その人だって情報源なんかわかんない。噂話だけだもんねえ」

震災直後の数日間、吉田は自転車に乗って、被災状況を見て回った。川を渡ろうとすると、その真ん中に車が浮かんでいる。「ああ、すごいもんだな」と吉田は独りごちた。

中里《なかざと》地区に足を向けると、すり鉢状の地形にあった集落は水没していた。自衛隊の救命ボートが浮かんでおり、二階から住人を救出している。

〈どこもかしこもみんなダメだ〉

二六日には芳賀社長が復興宣言をしたが、吉田は半信半疑だった。周囲ではあまりに多くの人が亡くなっている。

「山から帰った人の中には、遺体を踏みながら帰った人もいるんですよ。泣いて『すまない、すまない』と謝りながら歩いたそうです。そんな地獄は表には出ないし新聞にも出ないけど、みんなつらい思いをしてるんです」

彼が会社に命じられたのは、工場から流出した巻取の回収だった。

巻取は直径一メートル、幅約八〇センチというロールだ。その名の通り、芯棒に紙がグルグルと巻きついているものである。その姿は巨大なトイレットペーパーを想像してもらうとわかりやすいだろう。

これは非常に重い。重さは乾燥している時で、約八〇〇キログラム。海水や泥を吸い込んでいるので、それより遥かに重くなっている。作業している者たちには、それが二トンあるのか、三トンあるのか見当もつかなかった。

巻取の回収は、想定外の仕事だった。最初は一件の電話から始まった。

「すみません、お宅の製品が家に流れ込んでいるんですが、回収に来てくれませんか？」

あたりに製紙会社はない。まぎれもなく日本製紙の製品が流出したものだ。

「すぐに伺います」

そう言うと、日本製紙の社員は巻取を回収し、周辺をきちんと片づけて戻ってきた。

それは当初、ほんの小さな仕事にすぎなかった。

しかし、日本製紙が回収に来るという噂は瞬く間に広がり、回収依頼は数十件、数百件と膨れ上がっていった。

巻取だけをポンと抜き出して持って帰るわけにはいかない。巻取の上には瓦礫や車が複雑に折り重なっていたのだ。善意のつもりでほかの瓦礫も気前よく片づけて帰ってきた。しかしこれが彼らの負担を重くすることになる。

「日本製紙に頼めば瓦礫処理までしてくれる」

話は尾ひれがついて広がった。近隣の工場からも依頼が相次ぎ、ほかの工場に流れついた瓦礫処理まですることになった。

中には、やり場のない怒りを日本製紙にぶつける、ヒステリックな電話も来た。

「あんたのところの製品さえ入ってこなければ、うちは壊れなかったんだ！」

担当者となった大橋《おおはし》、畑中ら日本製紙の社員は、電話がかかってくるたびに、丁寧に頭を下げた。

巻取は、切株のように立っている場合と、横に寝ている場合があった。横になっている巻取を解体するのはまだ楽だったが、立っている場合の作業は困難を極めた。

「海水に浸かった紙は柔らかくなっているでしょう？　重いもんだから下が裂けて広がっているんです。それがねっぱっちゃって（粘って）ね。倒すこともできないし、民家の中に流入している時は重機も使えない。もうどうしようもないから、少しずつビリビリッて手で破っていくんですよ」

巻取には全長一五キロメートルの紙が巻きついている。気が遠くなるような作業だった。

吉田らが回収に出向いた地区は、一階部分が津波の被害を受けていた。そこは住むことのできない無人の街になっていた。

被災地の上に広がる薄青い空は、今まで見た空よりずっと大きく見えた。信号は流されてしまい新しいものもついていない。

瓦礫を両脇に寄せて作られた道を進んでいっても、人影はどこにもなかった。動いているのは四、五人でグループを組んでいる日本製紙とマルタカの社員だけだ。

生活音は何ひとつしない。静かだった。ただ自分たちのトラックのエンジン音、車から降りた時のバタンとドアを閉める音、そして様々な破片が落ちている地面を踏みしめる時のザッ、ザッという音だけが、耳にクリアに響いてくる。

黙り込んでいると、ときおり吹いてくる海風がサワサワと微かな音を立てた。

彼らは民家に入っていった。

居間には車がつき刺さっており、それにからみつくように、瓦礫や巻取が堆積していた。巻取は水を含んで、何倍にも膨らんでいる。

それはヘドロや近隣の飼料工場から流れ込んできた飼料で汚れている。手袋をつけた吉田が草刈ガマを振り上げ、ザクッ、ザクッと紙を切る。

切れ目の入ったところに指を入れて、紙をビリビリと剝《は》いでいくと、数万、数十万とも知れない無数の蠅が砂嵐のように一斉に舞いあがり、耳元でウァーン、ウァーンと音を立てた。蠅の数が多すぎて、視界は一瞬でまっ暗になった。

蠅は髪や顔にボッボッ、ボッボッと当たる。それを手で振り払い、振り払い、吉田は黙々と手を動かした。あたりには強烈な腐敗臭が立ちこめる。

作業員たちは一瞬顔をそむけ、何度もせりあがってくる吐き気をこらえる。だが一旦

「オエッ」と始まると、えずいてしまい止まらなくなった。こうなると生理現象が収まるのを待つしかなかった。

作業はひたすら紙を破って次の者に渡すことだ。従業員たちはリレー形式で、紙を袋に入れて車の荷台に積み込んでいく。重い疲労感が手や肩や背中に積もっていった。

やっと終わると、次の現場に行くためトラックに乗り込み、車一台通らない道を移動した。

二、三人の男がゴルフクラブや金属バットを持って、ブラブラと彷徨《さまよ》っている。いったい何をしているのだろうと見ていると、ジュースの自動販売機を壊し始めた。

吉田は孫のためにと、朝の四時半から行列に並んで、ジュースを手に入れたばかりだった。

〈みんなが困っている時に、なんとひどいことを……〉

誰も取り締まる者はいないし、通報する手立てもない。見渡す限り数キロ先まで人の気配はなかった。やがて男たちは自販機にたかって、つり銭や飲み物を漁り始めた。吉田は思わず目をそむけた。

別の日には、想像を絶する光景に啞然とした。

近隣工場の一角に、トラックや乗用車が二〇台以上もグチャグチャに積み重なり、ぽつんとひとつだけ巻取が入っていた。会社はその一個のために、ホイールローダー、四トン車、クレーン付きトラック、パッカー車（ゴミ収集車）を手配した。

吉田の部下には、妻やいとこを亡くした者もいた。家が全部流された者もいる。それぞれつらさを抱えていた。延々と果てしなく続く作業の中、吉田は少しでも楽しく作業しようと心掛けた。

「さあ、今日も頑張っぺ。やるぞ、会社守《も》り立てなきゃだめだぞ！」

「やっぺ、やっぺ」

「しっかり運べよ！」

「はい」

みなが笑顔で盛り上がった。そうでもしないと心が持たないと思ったのだ。

しかし、楽しそうな笑い声をどこかで聞いていたのだろう。隣家から主婦らしき人が出てきて、金切り声で叫んだ。

「あんたたちっ、何笑ってるのっ！」

作業をする手が止まった。

怒りに満ちた顔で睨《にら》んでいる女と目が合った。

そばに立っている社員たちが不憫《ふびん》でならなかった。

こらえていた言葉がこみあげそうになる。

「すみません……」

吉田たちは頭を下げた。

〈つらいのは、みんな一緒でねえか〉

やりきれない気持ちになった。

「あの奥さんも、気が立ってて気の毒みてえだったな。つらいことがあったんだろうなあ」

そう言うのが精いっぱいだった。あとはみんなで黙り込んで作業をし、巻取だけでなく、そこにあった瓦礫を回収し、きれいにして現場を発《た》った。

パルプの回収もやっかいだった。パルプは、洗濯機でうっかり洗ってしまったティッシュにそっくりだ。一軒家のサッシを破って、数台の車とともに室内に流れ込んだパルプは、五〇センチほどのヘドロの山のように見えた。しかし、掘り進んでいくと白いカスが現れ、甘酸っぱい強烈な腐敗臭を放った。

角スコップで掘ってもほんの少ししか削れない。何度も、何度も、スコップを入れると、パルプは小さな断片になって、大量の震災蠅とともにふわふわと空気中に舞い上がった。吉田たちは、それをかき集めて手押し車に乗せると、外に運んだ。

巻取は、ある場所では、細いブロック塀の上に、ぽつんと立っていた。また、ある場所では、一軒家の奥座敷に、ひとつだけがぽんと入っていた。工場の細い排水管の中にすっぽりと詰まっていたこともある。

一番遠いところでは、工場から約五キロ離れた三陸自動車道の石巻港インター付近まで流れついていた。

ある日、吉田は、人気《ひとけ》のない民家の一階に巻取を回収に行った。「家の人に悪いから、家の中のものはなるべく見ないようにしているんです」

しかしこの時偶然、サイドボードに置かれた家族写真が目に入った。

吉田はそれを見て驚いた。友人の両親が写っていた。写真の中の人は、にこやかにこちらに向かって微笑んでいる。

〈彼の両親が亡くなったと聞いていたが、まさかその家とは〉

吉田の目に涙があふれた。吉田は写真に向かって、思わず手を合わせた。

アパートの壁に瓦礫と古紙が折り重なっていたこともある。重機を使って作業している時に、中に髪の毛が見えた。一瞬人形かと思ったが、人の遺体のものだった。「三か月も四か月もたってからそういう形で発見される方もいらっしゃるんですね。安心できるような形でお帰りになってくれるといいなと思いました。いまだに二五〇〇名ぐらいの方が見つかっていません。早く家族の元へ帰れるといいですね」

果てしない回収作業の中でもうれしいことはあった。寒い日にふるまってもらった大《おお》街道《かいどう》小学校の炊き出しの温かさは忘れられない。

暑くなった頃、午後三時に「ごくろうさま」と家の持ち主がアイスを差し入れしてくれたこともある。ささやかな気遣いが喉にしみわたった。そして、何よりうれしかったのは、通りかかった近所の人に声をかけてもらったことだ。

「ねえ、パルプさんは、復興するんでしょう？　石巻はパルプさんがいないと困るもんねえ。再開するのを待ってるよ」

つらい時の、その呼びかけには、思わず涙が出た。

〈ここに工場の再開を待っていてくれる人がいる〉

「こんなんで工場が立ち直るのかな、って思いました。日本製紙がなくなったらどうなっぺって。でも片づけしながら徐々にだけど、工場構内に入って作業できるようになったんです。少しずつ現場に戻っていって、元の生活に戻れるかと思うと、うれしくてねえ。みんなで喜びました」

延々と続く重労働の中、訪れる希望はほんのささやかなものだ。しかし「その頃、一番うれしかったのは何ですか？」という問いに、彼の口からこぼれる思い出は鮮やかだ。

「あのころは水道も電気も来てなくてね。街は見たこともない暗さなんですよ。真っ暗というよりは真っ黒だったなあ。なんにも見えないの。

いろんな悪い噂はどんどん膨らんでいくし、夜は怖くて怖くてたまらなかったね。そんなある日のことでした。隣近所がざわざわっとしてね。聞き耳を立てていると、『電気つくどー』って誰かが騒いでいた。それで急いで道路に出ると、遠くの方から見えたんですよ。パッパッ、パッパッて電気がつくのが。遠くの街から少しずつつくんです。だんだんそれが近づいてくるんです。平地なんだけど、真っ暗だから見えるんですよ。パッパッ、パッパッてね。あれはうれしかった。あれは泣けましたよ」

回収作業は続き、最終的に回収班の人員は五〇名になった。

途中、各地からやってきたボランティアが加わって助けてくれた。

「ボランティアの人たちは本当によくやってくれました。本当にありがたかった」

日本製紙が出向いた回収先は二四三件。永遠とも思える作業は、各地から来たボランティアの力もあり、終わりを告げた。

第六章　野球部の運命

2013 年、都市対抗野球本戦の出場を決めた日本製紙石巻硬式野球部

運が悪い。そう一言で片づけていいものだろうか。

1

ドロドロになって瓦礫を片づけている従業員の中に、日本製紙石巻硬式野球部の新人選手が六名いた。そのひとりが、早稲田大学野球部出身の後藤貴司《ごとうたかし》（22）だ。

覚えているだろうか、二〇〇六年の夏の甲子園大会決勝戦を。それは、多くの国民がテレビやラジオの前に釘づけになった、記憶に残る名勝負だった。

早稲田実業高校のピッチャーはハンカチ王子こと斎藤佑樹《さいとうゆうき》。対する駒大苫小牧高校のピッチャーは、現在ニューヨーク・ヤンキースで活躍中の田中将大《たなかまさひろ》。この時の早実野球部のキャプテンが貴司だったのである。

二〇〇六年八月二〇日一三時、プレイボールが告げられた決勝戦は、試合開始から実に三時間三七分という死闘の末、延長一五回で再試合となった。

そして三七年ぶりとなった再試合では、七回に四番打者だった貴司のタイムリーで四対一と早実がリード。しかし九回、駒大苫小牧は二点を返し早実を猛追する。

あと一点、というところでバッターボックスに立ったのは田中将大。田中は粘った。しかし斎藤は田中を三振に打ち取り、早実はついに優勝を手にした。あの日、日本中が大熱戦に沸いた。

斎藤佑樹は早稲田大学を経て北海道日本ハムファイターズに入団、甲子園で優勝を逃した田中将大は高校を卒業してすぐ東北楽天ゴールデンイーグルスへ進み、後藤貴司は早大から社会人野球への道を選んだ。

その貴司が、瓦礫の中にいる。


入社式もまだ済んでいない三月一一日。貴司は日本製紙石巻の一員としてスポニチ杯に出ていた。惜しくも準決勝で敗退し、午後は八王子の京王プラザホテルに戻ってきていた。

そこで野球部員たちは大きな揺れに遭遇し、何が起きたのかとテレビをつけて、東北でのできごとを知ったのである。

石巻に家族を残している野球部員たちは、バスに支援物資を積み込めるだけ積み込んで、石巻に向けて出発した。貴司ら東京に残った部員たちは、東京での待機が決まり、二週間ほど缶詰状態になってしまった。

「当初は携帯もつながらないし、状況はテレビを見ることでしかわからない。野球ができる状態でもないし、すっかり震災に打ちのめされてしまって、ただ寝て起きて、ニュースを見て、飯を食ってと、それだけをルーティンでやっている日々でした」

その後、野球部は日本製紙富士工場の寮に二週間ほど滞在することになる。

日本そのものが大きな不安に襲われていた。音楽もその他の芸能も自粛《じしゅく》している。そんな中、同期や先輩たちの間でささやかれた言葉があった。

「なあ、俺たちこのまま野球をやってて本当にいいのかな。野球部なくなるんじゃないのかな」

学生時代の先輩や後輩から貴司の身を案じるメールが届いた。しかし返事をしようにも彼にさえ明日がどうなるか、わからなかった。やれることといえばちょっとした練習しかない。まだ公式には野球部は存続している。砂浜に行き、自主トレーニングをしていたが、モチベーションは上がらないままだった。

日本製紙石巻硬式野球部は、一九八六年に旧十條製紙石巻工場で発足している。当時は地元で採用した高校生や、従業員の中で野球経験のある者を選手として起用していた。

社会人野球のトップチームは、大学の有力選手や、甲子園で活躍した選手を全国からスカウトして集めて戦っており、それらの強豪と伍《ご》して全国レベルで戦うのは難しく、石巻工場野球部は、思うような成績が残せていなかった。

社会人野球の存在意義とは、社内の一体感を高めることや、地域に貢献すること、都市対抗野球で石巻市の名前を全国に知らしめることなどである。さらに子どもたちに野球を教えるなどして、スポーツ教育にも役に立っている、……など、建前なら企業も十分わかっている。しかしそうは言っても、コストカットによる経営のスリム化が叫ばれるご時世である。野球部もその波にさらされ、果たして存続させるべきか否か、という議論は常々上がっていた。

とにかく勝てるチームでなければ存在意義を発揮できない。そこで二〇〇九年、倉田工場長の前任者が、野球部のテコ入れを指示した。新たに呼ばれたのが、旧大昭和製紙富士野球部でキャプテンの経験もある木村泰雄《きむらやすお》監督（51）である。細面の顔にメガネをかけた木村は、理知的で穏やかな話し方をする。

「当時の工場長からは、『本腰を入れて一度やってみろ』と。それでだめなら、あきらめて廃部なり、休部なりを決定しよう。そういう想いがあったんでしょうね」

木村がユニフォームを着るのは、実に一六年ぶりのことだった。

チームの置かれた環境を見て木村は驚いた。選手たちは三交替勤務で働き、勤務を終えてから練習していたのだ。

「たとえば夜勤のシフトでは、二二時から七時まで働いて、食事と少しの仮眠を取って、朝の九時から練習をするんですよ。これでは体力的にも精神的にも、社会人野球で勝ち抜いていくのは厳しいですよね。そこで上に掛け合って、午前中に工場勤務をし、午後から練習というシフトにしてもらいました。その頃はまだ、アマチュアスポーツという感じでした。

部員も退部する時には、自分で決めて『辞めます』と。しかしそれは、野球を職業とする身には許されないことです。我々がスカウトしてきた選手たちは、野球を仕事だと思ってくれているので、自分から辞めることはありません。プロ野球に行きたいという目標を持った選手たちですから。選手の引退は、こちらから戦力外通告の形です。新たに新戦力を入れるために、引退してもらうということです」

さらに木村は改革を推し進める。

「これからは違うステージに行く」

格上のチームと積極的に試合をし、「我々はこのレベルを目指すのだ」という意識を選手たちに植えつけた。

社会人野球チームが目指す大きな大会はふたつ。都市対抗野球大会と日本選手権だ。木村の目線の先にあったのは、もちろんそこで優勝することだ。

選手たちのモチベーションは上がったのだろうか？

「いや」と、木村は首を振る。「選手たちは当初戸惑ったようです。『この人たちは、どこを目指しているのか』『俺たちは、本当にそこを目指していくのか？』そう思っていたのではないでしょうか」

結果は散々だった。社会人野球では、都市対抗の前に地方の大会がいくつかある。木村監督就任後、最初に出場した公式戦はベーブルース杯だった。

初戦は都市対抗常連の強豪西濃《せいのう》運輸。ところが初回、相手の攻撃がなかなか終わらない。いや、「終わってくれなかった」。結局この試合で、日本製紙は一点も取れず、七回でコールド負けを喫した。まるで大人と子どもの試合だった。

「石巻市民球場で楽天の二軍と練習試合させてもらったこともあります。日本製紙の野球部を知らなくても、楽天ファンは多いでしょう？　お客さんがいっぱい来てくれました。これも初回に一〇点ぐらい取られてね。いつまでたっても向こうの攻撃が終わらないんですよ。ピッチャーを交代しにマウンドに出ていくんですが、ドーッとあっちこっちから、ものすごい野次が飛んでくる。そういうのを記憶してますね」

木村は苦笑する。だが日本製紙は負けっぱなしではなかった。早くもその年の七月には手ごたえを感じていた。都市対抗の予選大会に出場し、本戦出場まであと一歩というところまで迫ったのである。そこで選手の目の色が変わった。

〈もしかしたら〉

木村が着任した当初、野球部員は一九名しかいなかった。そこで次年度には、監督とコーチ自ら出向き、積極的に情報を得るなどして、有力新人選手や日産自動車からの移籍選手など七名をスカウトした。

ひとり選手が辞めて総勢二五名。新戦力が入ってきたチームの状態を見て、木村は思った。

〈次はもっと上を目指せるんじゃないか〉

木村が就任して二年目の二〇一〇年は野球部創部二五年、工場は操業七〇周年と区切りの年だった。

東北の強豪チーム、JR東日本東北や七十七《しちじゅうしち》銀行とオープン戦を戦ったが、相手方ベンチは、はなから上から目線だ。木村監督はそんな態度を肌で感じながら、静かな闘志を燃やした。

〈このままでは終わらせない〉

この年の日本製紙は違った。

都市対抗野球東北予選第一代表決定戦の対戦相手は、七十七銀行だ。相手にもプライドがある。格下の日本製紙に負けるわけにはいかない。しかし、日本製紙石巻は延長一〇回の裏、小《こ》池《いけ》拓《たく》矢《や》のサヨナラヒットで劇的な逆転劇を演じたのである。

木村監督は言う。

「私も長年野球をやっているが、あんな経験は初めてだった。そういう勝ち方をしないと、全国大会に進めないのが都市対抗です」

全国大会は東京ドームで行われた。創部以来初の本戦出場だったため、本社も力を入れて応援し、取引先も含めて一万三〇〇〇人以上が詰めかけた。石巻からはバスで二〇台以上、そのほか新幹線で駆けつけた人もいた。日本製紙石巻が、石巻市だけではなく、東北代表の社会人野球チームとして初めて、全国の晴れ舞台を踏んだ瞬間だった。

この大会では、初戦で惜敗したが、日本製紙石巻の名を全国に知らしめた。

この年、初のプロ野球選手が出るなど、日本製紙には勢いがあった。

「二〇一一年にはきっとやってくれる」

「もっといいとこいけんじゃないの？」

石巻工場周辺の居酒屋では、野球部が試合に出るたびに話題となった。人は未来に起ることを知らない。多くの従業員たちが、野球部の快進撃に期待を膨らませていた。

二〇一一年三月。シーズン最初の公式戦であり、都市対抗戦の前哨戦となるスポニチ杯に日本製紙石巻は出場した。そしてあの日、震災に遭遇した。

2

「野球部はやっぱりダメなんだろうなあ」

まだ飲まず食わずの頃から、石巻ではそんなつぶやきが漏れることがあった。工場の復旧すらめどが立たないこの時期だ。この期に及んで野球か、と思うかもしれないが、その頃むしょうに欲しくなるのはなぜか、タバコ、酒、本、そして野球だった。

「野球部も気の毒だよな。やっと強くなってきたのに」

石巻工場を立て直すとしても、何百億という莫大な費用がかかるだろう。会社はいまだかつてない危機に陥っている。家がない、家族を失った、という時に、のんきに野球なんかやっていてもいいものか、といった思いは誰の胸にもあった。部を廃止しようという意見があるのも当然のことだった。

その時、倉田博美工場長は奇妙な因縁を感じていた。

〈よりにもよって俺がいる時に、またこうやって決断をしなければならないのか〉

倉田が以前勤務していた日本製紙旭川工場にも、かつて社会人野球部があった。日本製紙旭川硬式野球部。まだ山陽国策パルプだったころの一九七八年に創部され、「道北の雄」として人気を集めた。一九九二年には日本選手権に出場したが、ついに都市対抗に出場することは叶わなかった。

旭川工場はバブル崩壊とともに厳しい局面に立たされ、新入社員の補充ができなくなっていた。選手も毎年、確実に年を取ってくるし、新戦力が補強できないとなれば、野球部の将来に展望が持てない。

二〇〇〇年。日本製紙はリストラ策のひとつとして、旭川工場での野球部活動を停止し、石巻工場野球部に統合するという決断を下したのである。このことで当時現役の選手たちは、石巻工場に転勤となった。その当時の野球部長が倉田だったのだ。

〈若い選手たちにとっても、早く決断してやる方が、将来のためにいいだろう〉

そんな選手たちへの親心もあったつもりだ。

だが、歴史ある野球部の幕を引いた者が背負ったものは重かった。

最後の試合は、都市対抗野球、北海道地区予選大会の二次予選。対ＮＴＴ北海道戦だ。

当時ベンチに入っていた倉田は、その時のことをこう記している。

「試合の途中、五回くらいから、選手はみな泣きながら試合をしていた。おそらく相手投手の球は見えないだろう、飛んでくる打球も見えていない、そんな中での試合であった。旭川工場の場合は未来のある若い選手に早く次の道を与えたいとの思いが強く、活動停止を早めに判断したのだが、何ともつらい試合であった」（『絶望と感動の５３８日』）

試合が終わると、倉田がマウンドに出て最後のあいさつをした。その時、彼には苦い気持ちだけが残ることになる。

〈こんなあいさつするもんじゃないな〉

選手たちは一塁側スタンドに整列すると、帽子を取って一礼し、目を真っ赤にしながら、拍手に応えていた。倉田はその日のことを鮮明に覚えている。

しかし、いったいどういう因果だろうか。それから十年の月日がたって、自分が工場長を務める日本製紙石巻の野球部が再び、存続の危機に立たされているとは。

倉田は、着任したばかりの二〇一〇年、チームの中にひとりの選手を見つけてはっとした。後藤直利《ごとうなおとし》捕手である。当時ルーキーだった直利はすでに三〇歳になっていた。旭川野球部の休部が決まった年、彼は高校を卒業したてで部員になったばかりの選手だった。彼の姿をグラウンドで見つけた時、倉田の胸には様々な思いが去来した。

〈まだ、やっていてくれたのか……〉

未来のある彼を、旭川野球部の休止とともに、石巻に転勤させたのは倉田だ。しかし二〇一〇年の都市対抗の出場への決め手となった同点打を放ったのは、この直利だった。

〈見てくれ！〉

そう言わんばかりに繰り出された直利の一打をまぶしく仰ぎながら、倉田の胸は熱くなった。一選手の野球にかける執念を見たような気がしたのだ。

罪滅ぼしというわけではない。しかし工場長になってから、倉田はずっと石巻野球部を応援し続けてきた。

二〇一一年。エース久古《きゅうこ》がヤクルト入りで抜けても、野球部の勢いが止むことはなかった。

日本製紙石巻は、まず三月八日のスポニチ杯で、強豪トヨタ自動車を七対六のサヨナラで下した。翌九日の日本通運戦では延長戦にもつれ込んだが、一一回に一挙五点を奪うという劇的な勝利を収める。続くJR東日本戦でも、格上の彼らから、ルーキーの木《き》田《だ》投手が完封を奪った。いずれも世間があっと驚く大番狂わせだった。

「日本製紙は強い」

まぐれではない。真に実力のあるチームとして、日本中から熱い視線を向けられるようになった。

準決勝は三月一一日午前一〇時。

「みんなで応援に行きましょう！」野球部副部長の中田主導で、石巻工場では急きょバスを仕立てて、東京の神宮球場に応援に行くことになった。

「工場長もご一緒しませんか」

倉田にもそんな誘いがあったが、いったんは断っている。だが何となく心残りがあって、新幹線の時刻表を調べてみると、三月五日に開通したばかりの「はやぶさ」の文字が目に入った。

〈こいつで行けるかもしれん〉

結局その日、倉田は神宮球場にいた。東京上空はよく晴れていた。

準決勝の相手はNTT西日本。結果は五対三と惜しくも敗れてしまった。

　しかし、倉田は満足だった。野球部はよく戦った。

　監督と本社の関係者に声をかけ、バス組と別れると一四時三七分仙台着の新幹線にひとりで乗った。予定通りの時刻に仙台駅に到着し、そのまま行けば、何事もなく工場に帰りつく。そしてその日の仕事をこなして、工場長社宅に戻る。そうやって一日が過ぎるはずだったのだ。

　仙台駅には社用車レクサスが迎えに来ていた。倉田工場長はレクサスに乗り込み、工場に行くように指示を出す。一四時四六分、仙台駅からすぐのところで、大きな揺れを感じた。それが倉田の遭遇した東日本大震災である。


　工場だって会社だって、存亡の危機に立たされているのに、野球どころじゃないだろう。

　そういう空気があるのはもっともだ。だが、野球に何の罪がある。倉田にとって工場を復旧するのが仕事なら、野球をするのが彼らの仕事なのだ。

　倉田は野球部をつぶしたくなかった。

〈あんなつらいことは、二度とするもんじゃない〉

　社会人スポーツは、会社の業績悪化を理由に廃部にしてはならない。倉田はそう考えていた。部員たちは仕事でも優秀だ。礼儀正しく、根性があり、チームワークを大事にする。なくてはならないムードメーカーだ。そもそも本業の業績悪化は選手たちのせいではない。それを、わかりやすいコストとして切り捨てるというのは、単なる「見せしめ」ではないか。工場が壊滅的な打撃を受けた直後も、彼の信念が揺らぐことはなかった。

倉田は言う。

「工場の閉鎖などみじんも考えなかったように、野球部の廃部など思いもよらなかったよね」

そんな思いを、倉田は胸に秘めていた。

三月二六日。芳賀社長は石巻に来て、「工場を復興させる」と復興宣言をした。

その時だ。芳賀を囲んだ従業員や、地元のファン、マスコミから聞こえてきた質問は、こうだったのだ。

「ところで社長、野球部も存続させますよね？」

芳賀は驚いていた。みんな腹も減っているだろうし、毎日の瓦礫処理で体も疲れているだろう。毎日のように訃報《ふほう》も聞いているはずだ。しかし、彼らはそんなこともかまわず、野球部は、と我が息子のように心配している。石巻野球部は地元に愛されていた。

芳賀は感慨深げにうなずいた。

「もちろん野球部も存続させる」

従業員たちは、躍《おど》り上がって喜んだ。このできごとは、まだ石巻に戻れない木村監督や野球部員に、メールや電話でただちに伝えられた。

だが改めて思う。なぜ野球なのだろう。野球部を持てば当然、従業員の給料や待遇にも影響する。

しかし彼らはそれでも野球部を守った。いったい彼らは、野球に何を見たのだろうか。

木村が監督に就任してから三年目を迎えていた。それまでは、コールドゲームで野次を飛ばされるチームだった。しかし、野球部員たちはあきらめなかった。次第に強くなり、次々と強敵を倒していくさまに、従業員たちの胸は高鳴った。

ピンチの後にもチャンスはやってくる。それを野球は教えてくれた。

彼らは野球部の活躍に、つらい時期の自分自身を重ねたのかもしれない。

三月三〇日、富士工場の寮で待機していた野球部の部員たちが、やっと石巻入りした。

貴司は、初めて見る被災地の様子に言葉を失った。

〈この世のものとは思えない……〉

彼が、震災前の石巻にいたのは二月七日から一週間だけで、あとはキャンプに出てしまっている。再び帰ってくると、その街はまったく違う光景になっていた。想像以上の状況に呆然とした。

いつ野球の練習が再開できるのか。その方針はまだ決まっていない。

しかしとてもではないが、この状況で野球の練習がしたいなどとは言いだせなかった。

とにかく工場の従業員たちとともに、ドロドロになって瓦礫の撤去に当たった。

「この大変な時に、野球どころではない」

日本中が自粛ムードだった。野球をやりたいと言えば、きっといろいろ言われるだろう。

だが毎日コツコツと作り上げてきた体が練習を欲していた。

憲昭たちは、貴司を見て驚いた。

「後藤です、って復旧作業に交ざっていたから、びっくりしてよ。まだ、入社式もすまないうちにあんなことがあったから、うちの職場に奴がいることは知らなかったんだよ。だから、『あの後藤かよ』ってたまげてな。あいつは力持ちでよく働いてくれたよ。いい奴なんだ」

貴司にとってつらかったのは、まず食事だったという。

「支給されたのが、冷凍食品とか、サバ缶とか。三食そんなだったので……」

大学を卒業したばかりの野球選手だ。食べるのも仕事のうちの貴司にとっては、とりわけつらかっただろう。そして彼は毎晩、よく眠れなかった。

「寮の窓は海に向いているんですが、窓を開けると暗いんですよ」

南側の窓の下は崖になっており、そこはすべて火災で焼失し、人の気配もしない土地になっていた。電気もつかず、ぽっかりと漆黒《しっこく》の空間が広がっている。

「窓を開けて寝ようとすると、誰もいないはずの暗い場所から声が聞こえるんです。『うわー』という微かな叫び声が」

そう証言するのは彼ひとりではない。しばしば寮では、そのようなことがささやかれた。

「全然眠れないし、ご飯も満足に食べられなかった」

しかし、なんといってもつらいことがあった。それは野球ができないことだった。

「この状況で、練習をしたいというのも気が引けました。でも僕たちは野球で採ってもらった身です。会社に貢献するには、まず野球で、という想いがありました。最終的にトップが野球をやめようと言ったらしかたがないですが、そう判断されていない以上、僕たちは野球を続けて、今後もやれると信じて、練習をすることしか頭になかったです。その中で震災復興というのがあったので、まずは瓦礫とか、工場内のことをやろうと考えました」

そんな時、石巻野球部の後援会でもある石巻商工会議所から、石原軍団の炊き出しの手伝いをしてくれないか、と声をかけられた。木村監督は、石巻市に恩返しができるいい機会だと思い、喜んで選手たちを手伝いに行かせた。期間は一〇日ほど。部員たちは交通整理や、洗いものなどの手伝いをした。

貴司はこう言う。「瓦礫を撤去しているうちに、どんどん鬱になってくるんですよ。ずっと下を向いて、作業しているうちにね。焦りもありました。でも石原軍団と一緒に楽しんで炊き出しをしているうちにね、いろんな人が声をかけてくれるんです。『日本製紙の選手だ！』と寄ってきてくれたり、『野球部、頑張れよ！』『応援しているよ』と励ましてくれたりする。街の人たちが喜んでくれているのを見ると、僕たちも野球を頑張ろうと思えました」

自分たちが野球をすることで、みんなが元気になってくれる。逆風の中で、彼らが手にした貴重な実感だった。

木村監督の発案で、家を流された子どもたちのために全国から野球用具が集められた。

貴司はこう述べる。「用具を流されて、やりたくてもできない子が多かった。僕たちの力で、全国から支援を集めて、子どもたちと一緒に野球をやってあげたいなという思いでした。野球教室を開催して、その時に野球用具を手渡しました。僕も、野球を始めたばかりの時に、グローブを買ってもらってうれしかったのを覚えていますが、その時のことを思い出しました。子どもたちに喜びの表情が戻っていて、なんかいいなあと思いました」

彼は厚い胸板をした一八〇センチ以上の体格のいい選手だ。高校野球の覇者となり、大学野球で学生たちを熱狂させた野球少年の憧れの存在でもある。そのグローブに、子どもたちの投げた白球が、スパンと収まった時、その子たちはどんな思いを抱いただろう。逆境の中で、野球は人の心に不思議な力を与えた。

五月に入った。

〈そろそろではないか〉

倉田は思っていた。

〈そろそろ、野球部に練習を再開させてやっていいのではないか〉

野球部は復興のために毎日頑張っていた。しかし、まさか石巻で練習を再開させるわけにもいかない。ただでさえ、人々はストレスが溜まっていた。やり方を間違えると野球部がバッシングを受けるのは目に見えていた。うまくやらなければならない。

東京出張に行った折に、倉田は中村雅知《なかむらまさとも》（69）会長と芳賀社長とともにうなぎ屋に入った。

うなぎのにおいがただようその店で、倉田はトップの様子をうかがいつつ、こう切り出した。

「実は悩んでいるんですよ。野球部の練習再開をいつにしようかと……」

並んだトップふたりの意見はこうだった。

「早くやれ。構わない、構わない」

会長はこう言った。

「旭川にいい野球グラウンドがあるだろう。あそこでやったらどうだ」

倉田が休部を宣言したあの日本製紙旭川の野球グラウンドに、石巻野球部がキャンプに出る。やはり何かの因縁だ。

「しかし、会長……。金がかかりますよ」

倉田が畳みかけると、中村の言葉はこうだった。

「金のことなんか心配するな」

倉田は心の中でガッツポーズを決めた。

三人の思いは同じだった。野球部は死守する。そう決めたからには、それがよかったと思えるように最善を尽くすだけだ。

果たして野球部はコストか、日本製紙復興のシンボルか。結果はやってみなければわからない。修羅場をくぐった三人は、現場の従業員のひとりに言わせるなら、敬意と愛情のこもった言い方で、「イケイケの、熱いオッちゃんたち」だ。当然批判覚悟だろう。

しかし、涼しい顔をしてうなぎを食べている会長と社長は、天命の待ち方も心得ているようだった。

二〇一一年、五月。日本製紙石巻硬式野球部は、遠征という形で旭川に移動することになった。まだ、工場では泥かきをしていて、懸命に復旧作業をしている時期だ。倉田は一切の雑音を聞き流すと心に決めていた。

野球部を守ることに決めた倉田をはじめ、経営トップたちの思いは当然「やるからには、成績を残せ」であったはずだ。だが、倉田からはプレッシャーをかけることはひとつも言われなかったと、木村は振り返る。

余計な負担をかけないようにと気を遣ってくれたのだろう。ありがたかった。

当時、マスコミは野球部練習再開のニュースを、復興のシンボルのように報じていた。

しかし、だからこそ、日本製紙野球部が背負うものも大きい。

「選手の中には、どうしても家族を残して旭川には行けないという選手もいました」

それが、旭川野球部から石巻に来て、野球を続けていた後藤直利だ。

震災当日、彼の妻は、産んだばかりの子どもを連れて病院に行き、そのまま連絡が取れなくなってしまった。東京にいる直利は、すぐに石巻に戻れないつらさを味わった。

それから二、三日して、直利が石巻に到着し、やっと家族の無事が確認されたのだ。

「彼が家族と一緒にいたいと思うのは無理もありません。震災当日も、家族をこちらに残して不安な思いをさせているのもありました。何とか助かって一緒に生活ができるようになりましたが、余震も続いていましたしね。その中で家族を残して、自分だけ野球の練習なんてできない、というのはよく理解できた。しかし、ぜひ選手たちには野球を取ってもらいたかった。でも、どうしても『できません』ということだったので、『わかった、合間を見て体を動かしてくれ。我々がこちらに帰ってきたら合流しよう』と言って別れました」

彼は、木村にとっても期待の選手だった。しかし、遠征の多い野球部にはこれ以上在籍できない、家族のそばにいてやりたいと、その年に退部を申し出ている。

野球部は旭川に移動し練習した後、「各工場にお世話になったから、お礼に行ってこい」と倉田に言われ、富士工場、八代工場、岩国工場と巡りながら、各地域の社会人野球チームと練習試合をして、都市対抗に向けて準備を整えた。

貴司は当時をこう振り返る。

「僕らは結構、暗い感じで行っていたんですけど、僕らのテンションとは違うんですよね。工場の人たちは横断幕を持って、『頑張れよ！』『元気出せよ』みたいに温かく迎えてくれました。それまでは心のどこかで、『本当に野球なんかしていてもいいのかな』という気持ちがありましたけど、全国行脚《あんぎゃ》をして、野球部としても元気づけられましたし、今後、試合があったら、野球部が復興のシンボルとしてやれるんじゃないかと。『俺たち頑張ろう』とチームが一丸になったというイメージがありますね」

八月。被災した石巻工場の瓦礫の中から、ボロボロになった一枚の旗が発見された。都市対抗、東北第一代表の優勝旗「青獅子旗《あおじしき》」である。

津波に呑まれ、泥まみれになったため、鮮やかな青は色あせ、金の房は取れかけていた。この旗は日本野球連盟に返還され、奇跡の復興の象徴として、京セラドームに展示されることになった。

3

二〇一一年は準備が間に合わず、思った成績が残せなかった。しかし、九月には、工場が立ち上がり、野球部も少しずつ石巻で練習ができるようになった。野球部の間では、なおさら「二〇一二年こそ」の気持ちが強くなる。二〇一二年こそ、青獅子旗の奪還を。木村監督率いる日本製紙石巻硬式野球部は「復興のシンボル」として、再び都市対抗予選に臨んだのである。

二〇一二年、都市対抗野球大会予選では、石巻は順調に勝ち進んでいった。しかし、第一代表決定戦は一点差で敗退、続く第二代表決定戦も僅差で敗退してしまう。

木村は当時の心境を吐露する。

「いや、あの年はつらかった。仕上がりは決して悪くなかったんです。選手たちはよくやってくれました。一点差で代表権を逃した。これは監督の責任だと、ずいぶんお叱りもいただきました」

都市対抗で負けた。こうなったら日本選手権にかけるしかなかった。

〈なんとか、日本選手権を〉

「しかし日本選手権も一生懸命やって、もう一歩のところで勝てなかった。私としては選手に申し訳なかった」

だが、貴司は選手たちの異変を感じとっていた。

「みんな硬くてぎこちない動きをしていました。僕はベンチで見ていたんですが、じれったい気持ちでした」

観客席で見ていた社員たちもこう言う。「応援していたファンたちも、この日の野球部はなんだか動きがおかしいな、と話していました。まるでコチコチだったんですよ。『どうしたんだろうな』とスタンドもざわついていましたよね」

貴司はこう振り返る。

「その時は、技術が足りなかったんだ、で終わりましたけど、今にして思えば、選手たちそれぞれが『復興のシンボルになるんだ』という想いが大きすぎて、普段のプレーができていなかったのかもしれません。見えないプレッシャーというか、思っていても口に出さない、いろいろな想いがあったんだと思います。チームの雰囲気はすごくよかった。仕上がりもよかった。しかし、ひとりひとりが抱えていたものがあったのかなと。その重圧を、うまい具合に自分の波に乗せていけないんです。どっしりしていないし、余裕がない。心理的に考えると、そんなことがあったんじゃないかな」

負けて職場に戻る時の、何とも言えない重苦しい気持ちは忘れられない。

「仲のいい上司には、『なんで優勝せんかい?』と冗談まじりに笑ってもらえました。でも、中には『お前、野球部なんだよな』と冷たい感じで言葉を投げつけられることもある。結果がすべてですから」

そんなにうまくはいかないものだ。こうやって二〇一二年のシーズンは不本意な成績に終わったのである。

果たして野球部は石巻の期待を担えるのだろうか。

第七章　居酒屋店主の証言

震災後、日和山からのぞむ南浜町、日和大橋

1

ノンフィクションを書いていると、私が能動的に書いているというよりは、物語という目に見えない大きな力に捕えられて、書かされているのだと感じることがある。

この本が生まれたいきさつをここで記しておこう。これは二〇一二年、震災からちょうど一年後、早川書房の副社長、早川淳《はやかわあつし》（31）が工場に見学に行ったことがきっかけになっている。その時、工場の従業員たちが連れていってくれた、石巻や女川の凄まじい街の様子に、彼は何と声をかけたらいいのか、わからなかったという。

「頑張ってください、でもなく、ありがとうでもない」

その時、言葉は圧倒的な自然災害の前に無力だった。しかし、いつかこの工場の話を、記録として残しておかなければと彼は感じていた。

明けて二〇一三年の春、私は早川書房のひとりの編集者に声をかけられた。「日本製紙石巻工場を書いていただけませんか？」この本を生みだしたのは、あの日早川が言葉にできなかった、彼の製紙工場と石巻に対する想いである。そしてそれは、出版人として生きている早川書房の社員ひとりひとりの想いでもあるのを、私は知っている。

啐啄同時《そったくどうじ》という禅の言葉がある。鳥の卵が孵化《ふか》しようとする時、親鳥が外から、雛《ひな》が中から同時に殻をつつきあうことによって、初めて命が誕生するという意味だ。

人々が、その物語にこの世に現れて欲しいと願う気持ちと、物語がこの世に現れようとする力とが、ほかのいつでもなく、このタイミングで合わさった時、それは文字となって生まれてくる。そこに立ちあう私は、物語が命あるものとして生まれてくる際の、ただの通路に過ぎない。


そんないきさつで石巻に取材に入った。だから話をしてくれる人々も、それをどこかで感じとるのだろう。インタビューをすると、私をひとりの記録係として、当時の記憶を託してくれようとする。

市民たちが直面したことを、口あたりのいいことだけではなく、悪いことも、今だからこそ、話してくれる。それはきっと彼らの目が、次世代を担う子どもたちに向いているからだろうと思っている。

次に記すのは、ある居酒屋の店主の話だ。客商売なので、名前は仮名にしてほしいとのことだった。

2

渡辺守《わたなべまもる》(44)は、石巻駅前のアーケード街で、当時居酒屋を経営していた。痩せた体に紺の作務衣《さむえ》を着て、きびきびと動く彼はとても四〇代には見えない。一本筋の通った性格で、周囲からの人望も篤《あつ》かった。居酒屋は雰囲気がよく、料理がおいしいともっぱらの評判で、石巻駅からも歩いていける距離にあるため、日本製紙の従業員たちがよく訪れていた繁盛店だった。

よもや津波が来るとは思えない場所にもかかわらず、あの日、黒い水は容赦なく押し寄せ、静かな日常を破壊した。

渡辺はその時とっさに〈息子たちは大丈夫か?〉と心配した。彼の息子たちは、ふたりとも小学生で、海の近くにある学校に通っていた。

彼は、凍えるほど冷たい水をかきわけて家に戻ろうとした。しかしトンネルの前までやってくると、水深はぐっと深くなった。暗渠《あんきょ》の中を覗き込むと、水が出口からの明かりで黒く光っている。

腰まであった水は体温を奪い、長靴の底は得体の知れないものを踏んだ感触を伝えてくる。渡辺には、いったい足元に何が沈んでいるのか想像もつかなかった。水底にはいくつもの遺体が沈んでいることだろう。そう思うと一層水が重く感じられる。

ズボッ、ズボッと一歩一歩進んでいくと水はどんどん深くなっていき、ついに胸まで浸かってしまった。もう、ここまでか。渡辺は心の中で家族の名を何度も呼んだ。

あたりは無音で、ただ雪が降り続くだけだった。

しばらく立ち尽くしていた渡辺の胸に去来するのは、重苦しい絶望と、諦念《ていねん》の入り混じったこんな想いだった。

〈子どもたちが無事じゃなければ、生きている意味なんてない。あいつらが死んでいたら俺も命を絶とう〉

いつもなら車ですぐ帰れるところだった。しかしその日は、家族までの距離がひどく遠く感じられた。こんな大災害の時に、子どもたちのそばについていてやれないとは。長いこと水を睨《にら》んでいた渡辺はついに進むのを断念し、また泥の積もった水の中を一歩一歩歩きながら店へ戻った。

渡辺は今できることをしなければ、と思った。

一二日には、二階の店舗にあった食材を使って、空腹な人たちのために黙々と炊き出しを始めた。大きな鍋の中に、店のためにと仕入れていた食材を入れて鍋を作り、街の人々に振る舞った。彼はもう作業に集中するしかなかったし、誰かのためにできることはこれだけだと思ったのだ。

火を熾《おこ》すための燃料がなくなれば、そこらへんに流れ着いた木片をかき集め、乾燥させて火をつけた。

水はなかなか引かない。三日ほど足止めされる日が続いた。

そんな時だ。商店街の仲間のひとりが渡辺に声をかけた。

「渡辺さん、今、あんたの店に誰か入っていったよ。友達じゃないの？」

「え？」

調味料を取りに行き、戻ってきたばかりの渡辺は首を捻《ひね》る。

「そうですか？　誰だろうなあ。んじゃ、ちょっと顔出してあいさつしてきますね」

彼は炊き出しをしていた場所の向かい側にある店へ向かった。

行くと薄暗い店内に、数人が蠢《うごめ》いている気配がする。

〈何かがおかしい〉

胸がざわついた。一瞬足が止まったが、意を決して一歩踏み出すと、そこにいたのはまったく知らない男たちだった。途端に全身が粟立《あわだ》つ。

「ちょっと、……あんたたち、何してんの？」

見たこともない顔ばかりだ。声をかけられて男たちの動きが一瞬止まった。暗がりの中で、ぎょっとしているのが伝わってきた。

〈こいつらみんなで盗みに来たのか〉

そのうち、ひとりがボソボソと言い訳がましいことを言い始める。

「俺たちは消防から許可もらってんだ」

「何、わけわかんないこと言ってんの！」

腹立たしさを抑えて、なんとか冷静になろうとした。

〈みんなが困っている時に、こいつら……〉

見ると、食材を入れてあった袋は切り裂かれており、ひとりはレジに手をかけていた。

「ちょっと、まずその手をレジから離してよ」

男たちも人を傷つけてまで向かってくる気はないようだ。そろって渡辺から目をそらした。何秒かの膠着《こうちゃく》状態が続くと、彼らは決まり悪そうにぞろぞろと出ていった。普段から窃盗《せっとう》をする人間ではないように見えた。渡辺にはそれが一層腹立たしい。

〈誰も捕まえに来なきゃ、何をやってもいいのか？〉

ほとんどの人がじっと耐えながら救援を待っている。どれほど困っていても、人のものなど盗《と》りはしない。

〈なのにこいつらは何だ？〉

こんな時に人間の本性が露《あら》わになる。ひどく醜いものを見てしまった気分だった。

商店街はしばしば強奪の標的となった。モラルを失った者たちが、バットやゴルフクラブを持って街を徘徊していた。洋品店ではオーナーの目の前でガラスが壊された。めいめいがバットやゴルフクラブで、ショーウィンドウを、ガチャーン、ガチャーンと叩き壊す。

「ちょっと、やめてください！　いったい何をしてんのっ？」

止める店主を尻目に、強奪犯は振り向きざまにこう言い放った。

「今はそれどころじゃないんだよ！」

集団の力を借りて、男たちは破ったガラス扉から侵入すると、次々と服を盗ってバタバタと逃げていった。この時期、宝飾店にも窃盗が入り、高価なネックレスや時計が奪われた。

渡辺の見た被災地は無法地帯だった。電気もつかず電話もつながらない。いくら大声で叫んでも警察が駆けつけてくる気配はなかった。商店街は孤立無援となっている。

近隣の住人であれば顔見知りだろうから、日和山あたりに逃れた住民だろうか。被災直後のこの地域は、外部から隔絶されており救援すら届かない。外から入ってくることは考えにくいが、普通に暮らしていた人間が悪い人間になったのだろうか。商店街の店主たちは相次ぐ強奪にショックを隠せなかった。

正直者が馬鹿を見る世界ではないか。怒りが沸々と湧き上がった。

〈恥を知れ〉

渡辺は心の中でつぶやいた。

四日目までは水が引かず、五日目になって渡辺は川の向こう側の地区に子どもたちを探しに入ることにした。

必死の思いで家まで着くと妻がいて、子どもたちは学校に避難しているという。

〈よかった、生きてる〉

学校の教師が、子どもたちを預かっていてくれたのだ。全身から体の力が抜けた。

彼は、子どもを救ってくれた教師に心の中で手を合わせた。急ぎ足で小学校に向かう。ところが息子たちの姿はなかった。必死になって探していると、近所の人が渡辺の姿を見つけて声をかけた。

「あれ？　子どもたちは他のところにいるよ」

もどかしい思いで、教えられた場所に向かった。会うまでは安心できないと渡辺は思っていた。

そこにふたりの息子たちはいた。義母も一緒だった。

渡辺は再会の時の心境をこう回想する。

「会えたんですよ。うれしかった。もう、二度と子どもたちと離れるのは嫌だと思いました」

その後もたらされたのはいいニュースばかりではなかった。

「妻が心配そうに言ったんです。親せきの子が行方不明だって。その子は一八歳。津波に呑まれたそうなんです。その日、やっと大学の合格を知ったばかりでした。合格発表を受けて、家に戻ってきた直後に津波にさらわれた。これからだっていうのに」

その時、その子の母親、祖父も一緒に波にさらわれた。

渡辺は今後について妻と相談した。この地域でも治安は悪化している。家族を避難所に行かせ、受け入れる態勢ができたら迎えにくることにして、渡辺はいったん店に戻った。

彼は地道に周辺の片づけから始めた。ある知人の家が流され、店も流されたと聞くと、その家族に部屋を貸した。困った時はお互い様だ。自分が子どもを助けてもらったぶん、誰かに恩を返そうと、彼は思った。

「困っているんだったら、うちにしばらくいればいい」

助けあおう。とにかく生活の再建が第一だと思った。

彼は居酒屋の再開をあきらめ、新しい店舗を家の近くに開くことにした。あの日、死を覚悟した命だ。借金を背負ったところで、怖いものなどない気がした。この地域は被害がひどく、今後人が流出することはわかっていた。しかし渡辺には、子どもたちと離ればなれになったあの日が忘れられなかった。

家族はそばにいるべきだ。そしてできるなら地域のために役に立ちたい。渡辺はそう思った。

「それでもね、ひどいもんをいっぱい見ましたよ。報道では美談ばかりが言われるけど、そんなもんじゃない。人の汚いところをいっぱい見ました」

石巻駅前から家までを往復する日々。街は昼間でも人影がない。嫌でも不審者がぶらついているのが目に入った。彼は、ファミリーマートを二、三家族が集団で襲撃しているのを目撃した。彼らは店に入り込むと、しばらくして商品を両手に抱えて出てきた。

〈あいつら、ピクニック気分かよ〉

生きるためにやっているのではないのは、すぐにわかった。彼らが抱えていたのはビールのケースだったのだ。

自然災害で店が壊れてしまったのなら、それは運命とあきらめもつくかもしれない。だが津波の被害は免《まぬが》れたのに、この店は人間の力で壊されたのだ。窃盗犯の顔を見れば、唇にはうっすらと笑みすら浮かんでいる。

路上に止めてあった車には、ポリタンクを持った男女が群がっている。ガソリンを狙っているのだ。こちらも犯人は家族連れに見えた。渡辺は人心の荒廃にうすら寒いものを感じた。

そのうち、もっと酷い噂が耳に入ってきた。

「あそこにね、ゴルフ練習場があるんですよ。ネット立ってるでしょう？　津波がザーッと来て、遺体がたくさんひっかかって見つかった。その指先が切り取られてたって。遺体は水で膨らむから、指から指輪が抜けなくなる。だから貴金属を取りたいってやつが、指切って持ってくっていうのよ。それは外国人だという噂だよ」

関東大震災では多くの朝鮮国籍の人々がデマで殺されたが、今回も指を切り落とす外国人窃盗団のデマが亡霊のように現れた。人は疑心暗鬼になっていた。停電は続き、携帯電話はつながらない。現実と噂の境界は限りなく曖昧《あいまい》で、何が真で何が偽かを見極めることができなかった。

日本製紙だけが物資を抱え込んでいるという根も葉もない噂も立った。避難所に日本製紙が救援物資を届けに行くと、「偽善者！」と怒鳴られ、市の職員には「日本製紙が国から特別に送られた物資を抱え込んでいる。行って取り返してこい！」と詰め寄る住人がいた。缶詰だけしか食べていないのに、クラブハウスで食事をしている様子を「日本製紙がごちそうを囲んで宴会を開いている」というデマが飛んだ。

停電で不気味なほど闇が濃かった。女性と子どもは、治安面で不安だからと学校に身を寄せて、父親たちは家の周りをパトロールした。留守だとわかると夜盗に入られるからだ。男たちは昼は復旧作業、夜はパトロールと眠れない日々が続いた。幹部社宅に住む倉田もバットを枕元に置いて寝た。一部の心ない者がいるのは確かだった。たった数人の悪事のために、住民は目に見えない「鬼」に怯えた。

やがて夏が過ぎるころ、保険が下りる者と下りない者の不公平感が住民の間に広がった。東京にいる大手チェーン店のオーナーが、どういう操作をしたのか、保険金をせしめたという噂が伝わってくる。オーナーは一軒五〇〇〇万円しかもらえないところを、一億円を手に入れたというのだ。ほかにもいろいろな話が駆け巡る。

保険をもらうために、ホースで家に水をかけて「津波がここまで来たのだ」と調査員に語り、二〇〇万円を手に入れたやつがいる、たちの悪い連中が役人を脅して保険金をせしめたらしいなどといった、おぼつかない話がぽつぽつと聞こえてくるようになった。「屋根しか残らなかった者が救われず、制度を知っている者だけが甘い汁を吸う」と誰かが不満を口にした。

渡辺は言う。

「東京からえらい『先生』や、コンサルタントといわれる人がやってきて、さんざんひっかきまわしたあげく、何も形にしないまま、コンサルタント料だけ取って逃げていったんですよ。真面目なNPOがいてくれた一方で、助成金目当てとしか思えないエセNPO団体も大量に入ってきた。あいつらいったい何しに来たんだと思ったよね。ボランティアの居場所を創るという名目で店を出し、本来なら地元の店に来るべき客を奪い、地元に落とされるべき金をかすめ取っていった。ひどいもんだよ。誰のためにもなっていない団体の代表が、聖人君子や救世主のような顔をしてテレビでお涙頂戴の話を披露していた。『茶番だ』と思った」

そして渡辺は強い口調でこう言った。「ボランティアっていうなら、最後まで助成金なんかあてにしねえで、自腹でやれっていうんだ」

ある日、渡辺の借りている部屋の大家から連絡が来る。

「困っているのよ」

渡辺が家を失った知人に貸した部屋だ。慌てて見に行って愕然《がくぜん》とした。部屋に勝手にブロックを積み、ブルーシートを敷いて改造し、「風呂」を作っていたのだ。ベニア板を部屋の真ん中に勝手に打ち付けて小部屋まで作っていた。

「部屋をそのまんまにして、荷物もそのまんま。知人はトンズラしたんです。困っている時はお互い様と思って、貸してあげたのに……」

行方を捜したが、いまだに見つからない。行方不明なまま、渡辺は知人を告訴して裁判を起こした。

「ひどいもんです……」

彼は、思い出したくもないというように首を振った。

秋が立ち、かつて住宅が立ち並んでいた場所に、すすきや葦《あし》が生え始めた。足元を見ると、茶碗のかけらや、子どものおもちゃが落ちていた。家の土台だけが残っており、かろうじてここが住宅街であったことを偲《しの》ばせる。ところどころ水たまりができ、ぽっかりと空を映していた。風が吹くとサワサワサワサワサワと草が音を立てる。人がかつていたところは、今でも人がいるような気配がする。

ぽつん、ぽつんと、家が建っている。遠くから見るとまだ新しい家なのに、回り込んでみるとサッシが外れ、外壁が壊れて、真っ昏《くら》な部屋の中を、白いカーテンがふわふわと揺れていた。

やがて、人の口から不思議な話が聞かれるようになった。

「ある橋の付近でのことだ。ボランティアが車を運転していると、ぼんやりとたたずんでいる女を見つけた。女は言うんだよ。『すみませんが、乗せてください。帰る場所がわからないんです』気の毒にと思い、乗せてやったんだが、後ろを振り返ると女性はいつの間にかいなくなっていた。石巻署には、『幽霊を見た』『幽霊を乗せた』という電話があまりに来るので、とうとうその道が通行止めになったらしい」

「地震があった直後、ある施設では食べ物を無料で配っていた。客たちは『あれも必要だ』『これも必要だ』といつまでも避難しない。そうこうしている間に津波が来て、そこはあっという間に呑まれた。水が引いた時には、狭い階段に折り重なるようにして人が亡くなっていたという。やがてその建物には復旧するための作業員が入ったが、どこからともなくぬっと手が出て、足をつかまれるんだそうだ。業者が次々と逃げ出し、四つ業者が入ったが、そのたびにけが人が出る。そんなある日、天井から最後の遺体が出てきたそうだよ」

渡辺は商売をやっているので、そんな話が耳に入ってきた。それだけ人が亡くなり、生きている人間が傷ついたということなのだろう。渡辺は静かに耳を傾けた。

今は、学校復旧のために募金活動をしている。「地道にやらないとね。石巻はこれからよ。エセNPOも撤退し、人の流出も続き、みんな新しい開発地に流れてしまう。飲食店はいよいよ修羅場だ。今はもう店が増えちゃってね。駅前にはいきなり大手が来るし、よそ者がいっぱい店出して地元が倒れている。それでも、あの日自殺しようと思っていたんだもの。死ぬ覚悟でここまで来ました。借金を億単位でしようが、ダメだったら潔く首を差し出すだけ」

彼はそう言って、突き抜けたように笑った。「これからが本番じゃないですか？」そう言う彼の笑顔は、地獄を見てきた人特有の凄味のある爽やかさだった。

後日談がある。その後、募金が貯まり、それを小学校に寄付したという。その一報をメールで知らせてきた日本製紙の従業員は「彼は本当に立派な人です」と書き添えていた。

第八章　紙つなげ！

世界最大規模を誇るＮ６マシン

設備の中には、復旧のための効果的な解決策がなかなか見つからないものもあった。そのひとつが、化学パルプを作る蒸解釜だ。

蒸解釜は地上六〇メートルもある巨大な施設である。ここにチップと薬品を入れ、高温高圧で煮込む。すると接着剤の役割をしているリグニンが分離され、樹木の繊維であるセルロースが取り出される。こうしてパルプを抽出するのである。通常であれば蒸解釜の中では液状になっているのだが、震災で数か月動かさないうちに、この巨大な圧力釜の中身がガチッと固まってしまったのだ。

蒸解釜が数日動かなくなるというアクシデントなら前例はある。インドネシアのある工場で、蒸解釜が故障した。この時パルプはまだ固まっておらず、蒸解釜の側面についているマンホールを開けた途端に三〇メートルも飛び散り、隣の建屋を襲ったそうだ。

しかし、今回、石巻の蒸解釜の中身はガチガチでどうにもならない。世界でも例のない事態だった。何しろ大きな釜には九二〇立方メートル、水に換算すると九二〇トンが入っている。まだ工場内の用水も復旧していない。消火栓の水を使ったが、焼け石に水だった。時間だけが過ぎていく。

蒸解釜を立ち上げる担当者は膠着状態に焦っていた。

担当者の意を汲んで、金森は倉田のところにこう願い出る。

「掘削《くっさく》するより方法はないんじゃないでしょうか。釜の中に入る許可をください」

「ダメだ！」

倉田は決して首を縦に振らなかった。

中に入れば早く作業が進むのはわかっている。特別高圧ケーブルを手に入れた時の、倉田の態度を考えれば、蒸解釜についても、どんな手段を使っても立ち上げるべきだと言いそうなものだ。

しかし倉田には、蒸解釜の中に人を入れるのは危険だとわかっていた。パルプが腐敗すると、硫化《りゅうか》水素が発生する危険がある。硫化水素は空気より重い腐卵臭のする気体で、これを吸うと呼吸中枢がやられ昏倒《こんとう》し、そのまま死んでしまうこともある。

しかも、固まっているパルプが底まで固いとは限らない。どこかで踏み抜いて釜の底に落下すれば、命はないだろう。

ひとたび人身事故が起きれば、すべての作業がストップする。金森は倉田の態度について こんな風に回想している。

「やっていいことと悪いことを見極めろと。『安全を忘れるな』『どんなことがあっても絶対にけがをさせるな』と強く言われました」

結局、蒸解釜には二台の工業用バキュームカーが投入された。高圧の空気を吹きつけてパルプを少しずつ浮かせながら、釜の側面にあるマンホールからホースを入れて、それを吸い込んでいく。しかし吸入できるパルプなど微々たるものだ。カチカチのパルプは一日たっても数センチしか吸い込めない。見た目はほとんど変わらなかった。

「これじゃあ、永遠に終わらない……」

担当者は倉田に、その後も二度「お願いします。釜の中に人を入れさせてください」と願い出たが、倉田はそのたびに却下した。

倉田はグラフをつけさせて、焦る部下にこう諭《さと》した。

「焦るな。見てみろ。少しずつでも、こうやって減っているだろう？　蒸解釜を立ち上げるのはまだ先だ。きっと間に合う。根気強くやっていこうじゃないか」

倉田は、ずっと前から自分に誓っていることがあった。死亡事故を起こしたら辞任する。人命に比べれば、スピードなど何の意味もなかった。何よりあの震災を生き延びたのだ。我々は生きなければならない。倉田はそう思っていた。

須田《すだ》幸夫《ゆきお》（54）ら蒸解釜の担当者は、蒸解釜のパルプが減るのをじっと待ちながら、地道に瓦礫と泥の撤去をしていった。

泥は側溝にも床面にも大量に堆積している。プラント内は手作業で掻き出すよりほかはなかった。

瓦礫の中には無数の蝿が湧いている。ペットボトルに蜂蜜を入れて何本も吊り下げておいたが、二日もすれば中は蝿で真っ黒になり、役に立たなくなった。

そんな状況でも、課員たちの士気は下がらなかった。

須田は言う。

「やはり、自分たちの中では、石巻は日本製紙の基幹工場という気持ちを持ってるんですよ。その工場をつぶしたら日本製紙はダメだろうという危機感はいつもありました。それは、震災前から常にあったものだと思います」

2

8号の建屋への浸水は約二メートル。瓦礫の流入は凄まじかった。瓦礫を撤去しながら設備を復旧するという同時作業が行われた。

一階には電気設備やモーターが入っている。電気や他の設備、掃除部隊などが入って、九月に回すという目標のもと、急ピッチで作業が行われていた。お互いの工期が差し迫っている中、同じエリアにどちらが入るかを巡って、ときおり衝突し、お互い殺気立った。これを話し合いで収め、お互い同じ目標を持つ者として時間を融通した。

電気課の池内は、何日も徹夜で整備をしていた。

調成課の志村も、ポンプなどの機械の修理に追われていた。8号を立ち上げるためには、一〇〇以上のポンプを整備し、それを試運転していかなければならない。

「一階にあるものもありますが、中には地下ピットもあるんです。そこは当然水がいっぱいです。濁っているのでまったく中が見えない。そういう場所の水を汲みあげ、ヘドロを掻き出すんですが、遺体が沈んでいるかもしれないという思いが、いつもありました。手がふわっと浮いてきたので、はっとしたら手袋だったこともあります。

パルプはパイプの中で腐って、硫化水素を出すんですよ。どこからか同僚が、硫化水素が検出されるとブザーが鳴るっていう、昔のポケベルみたいな形の携帯検知器を調達してきました。中毒にならないように気をつけながら作業をするんです」

身重《みおも》の妻は一時的に山口県萩市に疎開させた。

「親類の家に身を寄せていたんですが、親類が『今、こんな人が来ているんだよ』と市役所で話したら、申請もしていないのに、わざわざお見舞金を持ってきてくれました。あれは、ありがたかったです」

毎日、平時では考えられないような仕事量だった。

だが腐っている暇はない。そう志村は思った。

「身内の方が被災されたりと、なかなか仕事に来られない人もたくさんいる。そういう時にこそ、僕らがやらないと工場は回せない。家も社宅で被害がなかったし、いろいろな支援物資を頂きました。それなのにやる気をなくして、ダラダラしているようじゃいけないよね。トラブルもいっぱいあったけど、そういう時も、ぐちゃぐちゃ言ってると間に合わないから、とにかくやろうと。火事場の馬鹿力ですよ」

3

やがて震災から半年になろうとしていた。

8号の親分、憲昭は毎晩、眠れぬ夜を過ごしていた。この8号が立ち上がることが、日本製紙石巻復活の第一歩となる。憲昭にかかるプレッシャーは大きなものだった。

日ごろ憲昭は上司から、「8号の『姫』がご機嫌を損《そこ》ねるから、遠くへ出張しないでくれ」と言われている。彼がいない日に限って、8号が「すねて」調子が悪くなるからだ。彼が戻ってくると途端に調子がよくなるのを見て、「やっぱ、ノリさんがいないとダメだ」と同僚たちが笑った。まるでだだっ子だった。

「頼むぞ」

憲昭は、ままならぬ娘をなだめるように、そう祈った。

8号の兄弟機7号のオペレーターが折った鶴が、8号に飾られる。他工場からも続々と千羽鶴が届き、8号に飾られた。様々な人が来て8号を見上げた。通りかかるたびに、憲昭のように心の中でこう呼びかけた。

「8号よ、うまく回ってくれよ」

もしも憲昭の言う通り、本当に8号に魂があるのなら、きっと願いを聞いているだろう。

倉田も気が気ではなかった。ここでどうしても半年復興をアピールし、内外に向けて工場が鮮やかに甦《よみがえ》ったと印象づけたい。

このマシンが立ち上がれば、ここまで被災しながらも懸命に仕事をしてきた従業員たちの士気が上がるに違いない。せっかくなら、彼らの偉業を、外にいるすべての人々に知らせてやりたかった。


震災から半年後の九月一四日。8号マシンの初稼働の日がやってきた。
7、8号建屋には、工場の従業員たちのほか、本社からも、関係会社からも大勢の来客があり、およそ一〇〇人が建屋の中に集まっていた。
憲昭は少しでも晴れがましい祝典にしようと苦心していた。

「お祭りにしようと思ったんですよ。これで工場が甦ったぞ、石巻は元気だぞっていうことを、たくさんの人に知ってもらいたかった。だからね、盛り上げるために、そこらへんをきれいにして、いろんな工場から届いた鶴をいっぱい飾って、みんなに華やかな気分を味わってもらおうと思ったんです。地域に元気になってもらうために回すぞと、そんな気持ちがありました」

全長一一一メートルのマシンを紙がスムーズにつながるのは、通常でも難しい。少しでも不具合があれば、紙はどこかで切れ、もう一度つなぎなおす作業が必要である。紙をワイヤーパートから、最後のリールまでつなげる作業を「通紙」と呼び、これには、最低でも一時間、遅い時には数時間かかることもある。

「以前、改良工事したお披露目で、いつまでたっても紙がつながらないこともあったんですよ。最後にはみんなでバンザイをしようと思ってギャラリーが来ているのに、ひとり減り、ふたり減りと、だんだんマシン周りが寂しくなってね。最後は関係者数人しか残らなかった。そんな想いをオペレーターたちにはしてもらいたくねえなあ、と思っていました」

関係者はみな緊張した面持ちだった。なにしろ半年間も動かしていないのだ。どんな不具合があってもおかしくなかった。

倉田たち役員が、マシンに清めの塩をまき、原料の入っている種箱に神酒《みき》を捧げた。紙作りに携わる職人たちはずっと、マシンはただの物体ではなく、そこに魂がこもっていると考えてきた。オペレーターたちは、たとえ破棄する紙であっても、決して靴では上がらない。魂が宿るマシンの製品は踏まないのだ。彼らはどこかで、畏怖《いふ》と深い愛情をもって、マシンを扱っていたのである。

司会進行役の従業員が拡声器を握り、進行を務める。

「ただ今から、倉田工場長が原料ポンプのスイッチを押します」

この日、抄紙機で作る紙は、日本製紙石巻工場で長い間作り続けてきた、定番の製品「ハイランド」。

倉田が、赤いリボンで飾られた操作パネルのスイッチを押す。ゴーッという大きな運転音とともに、従業員たちが戦艦に喩《たと》える、古くて無骨《ぶこつ》なマシンが眠りから醒めた。

隣に立つ人の声がやっと聞こえるほどの音だった。だが、そこにいる人々にとっては、それが懐かしい。

パルプがメッシュのワイヤーの上に勢いよく吹き付けられ、シート状になって流れていく。シートからは白濁《はくだく》した水がしたたり落ちた。

抄紙機には何箇所か、オペレーターの操作によってシートを渡さなければならない箇所がある。グースネック（ガチョウの首）と呼ばれる、エアーの出る細長いアームが現れて、紙をリールに抑え込んで巻きつけていく。それを補助するように、オペレーターたちが、ホースのついた細長いノズルを紙に向けて、エアーを吹き付け、薄く繊細な紙の向きを調整しつつガイドしていくのだ。これにはタイミングと経験が必要とされ、オペレーターたちの力量が大きく左右する。

これらの作業を経て、最後のリールに巻きつくまでを「通紙」、あるいは「紙をつなぐ」という。これは熟練のオペレーターであっても、一度ではなかなか通らないものなのだ。

しかしこの日の8号は違った。通常の操業でもめったにないほど、シートはスムーズに流れていく。

数時間かかるだろうと覚悟していた来客たちは、余裕の表情で雑談をしていた。ところが、あまりのスムーズさに驚いた関係者から、声が上がる。

「なんだ、すごいな。今日は調子がいいぞ」

慌てたのは本社から来た広報だった。通紙の瞬間を撮影しなければならない。カメラを持ってバタバタと紙を追いかけていった。ギャラリーも慌てて一一メートル先の「ゴール地点」まで歩いていく。

紙を乾かすドライヤーパートでは、蒸気が吹きだす音と、無数のロールが回る運転音、そして金属がこすれあう音が混ざりあう。あたりには湿気を含んだ熱気が漏れてきた。オペレーターたちが腕で額の汗をぬぐう。ギャラリーたちも汗ばんでいた。

サイズプレスという澱粉《でんぷん》を塗布するパートから、さらにアフタードライヤーへ。そしてカレンダーというつやを出すパートへと人の波が移動していく。

リールエンドに人がどんどん集まってくる。

憲昭の胸は震えていた。

「東日本大震災では、身内を失いました。自分の住む地域もたくさんのものを失くしました。もうあんなのは御免です。でもね、たったひとつだけ、感謝していることがあるんですよ。それは、当たり前に紙を作ることが、こんなにうれしいものだったのかと教えてくれたことです」

最後のリールに巻きつける操作は福島が行った。憲昭が合図をすると、福島がボタンを押す。

紙を抄くという、彼らの大切な日常が、石巻工場の従業員たちの元に戻ろうとしている。

パーンと華やかな音を立ててエアカッターが紙を切り離し、紙はシューッという音と同時にリールに巻きついていく。

「一発通紙だ！」

8号が今まで見せたことのない、見事な通紙だった。

この瞬間、その場にいた人々から、大きな歓声と拍手が起きた。どんなに速くても、通紙までには一時間。だがこの日8号は、通紙まで二八分の新記録を叩きだした。

憲昭は今までの感情が爆発するように、顔をクシャクシャにして泣いた。

〈8号が、俺たちの願いを聞いてくれた。8号はやっぱりすごい奴だ〉

大勢の陰に隠れて泣いていた憲昭が、「ノリさん、ほら」と従業員たちに前に押し出される。司会が、うやうやしく拡声器を渡した。

「さあ、……。憲昭さん、お願いします」

オペレーターたちがうなずきながら憲昭を見ている。憲昭は同僚たちの顔を見渡した。みな連日の徹夜続きでやつれていたが、精悍《せいかん》な顔つきをしていた。

憲昭は作業着の袖で涙をぬぐうと、やがてありったけの大きな声で叫んだ。

「バンザーイ！」「バンザーイ！」「バンザーイ！」

彼の声に合わせて、大きく手が上がる。

倉田も、福島も、オペレーターたちもみな、目を赤くしていた。

彼らの本当の気持ちは、たぶん、復興に携わった者にしかわからないだろう。

彼らの味わった悔しさも、悲しさも、喜びも、意地も、プライドも、誰にもわかるはずがない。

感極まった彼らに言葉はなかった。ただ、お互い手を差し伸べ固く握手をし、肩を叩きあって、再稼働を祝した。

8号が止まる時は、この国の出版が倒れる時ですと言っていた憲昭は、集まってきたオペレーターたちに担ぎ上げられると、何度も、何度も、高く、高く、8号建屋の宙に舞った。

この日、東日本大震災から半年。倉田の当初の目標通り、石巻工場は息を吹き返した。

倉田すら内心では、半年復興の可能性は三パーセントしかないと踏んでいた。

誰もが想像しえなかった半年復興だった。


歓声の上がる建屋の外は静かだ。

見上げれば、煙突からは白い水蒸気が立ちのぼり、外を歩いている人影もまばらだ。

電気課の池内も、調成課の志村も喧騒《けんそう》の外にいた。

東京から来た社員が志村に近づいてきた。

「あれ、式には出ていないのか？」

「いえ、裏でいろいろ調整があって忙しくて」

すると、その人はしばらく黙っていたが、ポンと彼の肩を叩くと、志村をねぎらった。

「なあ、……。本当に工場を支えている人間っていうのは、こういうところにいるんだよな」

思いもかけない言葉だった。

〈きちんと、我々の仕事を見てくれている人もいる〉

志村には、その一言がうれしかった。

彼には九月に男の子が生まれた。二〇一一年石巻生まれだ。その子の歩みは、この東北の復興とともにある。この子がみんなの「希望の星」だ。

4

8号が立ち上がったのを知って、各出版社は応援を惜しまなかった。

集英社は、いち早く『ONE PIECE』『NARUTO』の紙を発注した。集英社はこう宣言した。「今まではほかの製紙会社さんにお世話になったので、これからしばらくは日本製紙さんにお願いします」

従業員たちは、集英社から被災地にプレゼントされた『ONE PIECE』のことをよく覚えている。そのカバーの裏側に、被災者へのメッセージが描かれているのを見て、こっそり泣いたものだった。

今度は、立ち上がった石巻が恩を返す番だ、と憲昭は思った。

憲昭率いる8号は、紙を作る喜びをかみしめていた。

東京本社の営業部に所属している元日本製紙クレインズのアイスホッケー部員だった藪野《やぶの》伸季《のぶとし》（35）は、「復活した8号で何か作れませんか？」と、憲昭とともに新製品の開発に乗り出した。

8号の新作として、作り上げたのは、「b7《ビーセブン》バルキー」という紙だ。

藪野の上司、佐藤信一は、できあがった製品を一目見て思わず声を上げた。

「これは、すごい。絶対に売れる」

日本製紙にとって書籍用紙の嵩高《かさだか》塗工紙の開発は、長年の課題だった。

嵩高、つまり厚くてクッション性のある紙を作るには、原木を削って作る機械パルプを原料にするのが一番手っ取り早い。しかし機械パルプはリグニンが混入しているため、退色（日焼け）しやすいのが欠点だった。蒸解釜で作る化学パルプは退色しにくいが、嵩も出にくくなる。もちろんパルプを多くすれば嵩は出るのだが、今度は重くなってしまう。しかし、読者は重い本を好まない。

そこで彼らは繊維の結合を弱めるために、洗剤などを作っている化学メーカー、花王と共同研究し、原料に界面活性剤を混ぜて、軽くてふわっとした風合いを実現させたのである。ところが悩ましいことに、嵩高にすると、紙の表面に凹凸ができ、インクがうまく乗らず、写真や図版の再現性が悪くなる。紙の表面に塗料を多く塗れば、凹凸は埋まり写真の再現性は保たれる。しかし、それでは糊の効きすぎた衣服のようにパリパリになってしまい、紙の柔らかさを犠牲にしてしまう。

信一は、かつて同じ部署にいた出版営業部の金子《かねこ》知生《ともお》のことを思い出していた。金子は背中をかがめて、熱心に机に向かっている。

信一が「何をやっているんだ？」と覗き込むと、金子は言った。

「見ててよ」

金子は、女性のファンデーションや陶器の原料に使われる、カオリンという粒子を水に溶かしたものを信一に見せた。これを紙に置き、定規でスーッと紙の表面に塗布していく。粉は紙の表面に薄くつき、ナチュラルな風合いを醸しだした。

「ほら、見てください。厚塗りの化粧じゃなくて、薄づきのナチュラルな化粧を施すんだ」

薄づきのナチュラルな化粧。それが「b7クリーム」という嵩高微塗工書籍用紙の誕生のきっかけだった。

あの日の興奮を、信一は、薮野が持ってきた紙を見て再び味わっている。

「b7」というのは、金子がギター好きだったことから、ギターコードの名前にちなんでつけた名で「調和」という意味を込めている。

薮野の持ってきたb7バルキーは、さらに進化して軽くなっており、柔らかい。写真の再現性が抜群によく、まるで写真が飛び出すように見える。しかも、表面は光らない。

紙の色は黄みがかってもおらず、青みでもなく、赤みがかってもいない。画材のキャンバスのような白であるため、ユーザーにとって非常に使い勝手がいい。

「これはいけるぞ、どんどん売っていこう」

その後、b7バルキーは爆発的なヒットを飛ばし、半年で単月での販売量が一〇〇〇トンを突破した。大ヒットした『永遠の0《ゼロ》』の文庫用紙が約四〇〇万部で約一三〇〇トンであることを考えれば、その需要の大きさがわかるだろう。

この紙は、大口のユーザーがいない。しかし出版社やデザイナーに支持されて、口コミで良さが伝わり、様々な雑誌のアクセントページや写真入りの書籍に使用されている。これが現在、8号で一番生産されている紙となっている。

きっと読者も気づいているのではないだろうか。昔、図鑑や写真集は重くて持ち運びに不便だった。だが、最近は写真入りの書籍も雑誌も、写真やイラストの色が非常に美しいままで、昔よりも遥かに軽くなっている。これは、紙の進化によるものなのだ。

石巻工場の福島は微笑んでこう言った。

「営業とは時々ぶつかりましたが、『石巻工場は命がけで復興した、今度は自分たちが命がけで売る』と言ってくれた。許してやろう、と思いました」

5

蒸解釜で、すべてのパルプの除去作業が終わったのは二〇一一年一〇月二六日。実に一〇六日もの日数を費やした、気の遠くなるような作業だった。莫大な費用がかかったものの、ひとりの死傷者も出さなかった。粘り強さの勝利だ。

だが、これで終わったわけではない。須田の担当している1KP（クラフトパルプ）は剛直《ごうちょく》なクラフトパルプを扱っている。日本製紙最大のN6を立ち上げるためには、この蒸解釜が動いていなければならなかった。「操業再開は自分たちにかかっている」そう思うと気が抜けなかった。

立ち上げ前に水を張って循環をかけたのは二〇一二年一月。その年はとりわけ寒く、水がすべて凍結してしまい、凍結解除に時間を要した。

しかし、N6は三月一一日、すなわち震災一周忌までの復興を目指している。何とかその前に立ち上げなければと必死だった。

そして工期通り、二〇一二年二月、震災一周忌まで、あとわずか一か月。彼らの蒸解釜は立ち上がった。実に一一か月の長距離走だった。

6

立ち上げの順番を後回しにされたN6は、三月一一日直前の三月九日に再稼働と決まった。ようやく石巻工場の主力マシンが動く。

N6の建屋の泥出しは六月まで続き、その後、七月から残原料などの清掃が入った。一〇月からようやくマシンの置かれた二階に作業が入り、復旧作業、点検を経て、試運転が始まったのが、二〇一二年の一月初めだった。

復旧を後回しにされたN6のリーダーの心情はどのようなものだったのだろうか。

N6の係長、野口治夫は石巻生まれ、石巻育ちだ。

南浜地区に実家があったが流されてしまい、大街道にあった自宅の一階にも津波が押し寄せて住めなくなったため、避難所、知人の家、社宅と、住居を転々としながら生活してきた。

彼は、拍子抜けするほどさっぱりとしていた。

「正直助かったと思いました。家の修理のめども立たなかったし、社宅も間借りしていたしね。まずは生活を立て直すのに精いっぱいでした。それにN6は、ほかのマシンとはその規模がまったく違います。半年復興と聞いた時は、とてもじゃないが半年では動かないと思っていました。N6建屋の二階はそんなに被害はないと思ったけど、一階には電気設備も多い。N6は自動制御しているので、システムが非常に複雑なんです。中途半端に直してもまともに動かない可能性もありますから、半年での復興は厳しいだろうと考えていました」

野口は、飄々《ひょうひょう》とした、ユーモア漂う口ぶりで言う。熱い8号の親分とは対照的に、いたってマイペースな人だ。

彼は高校を卒業すると、石巻工場に就職したかったものの、募集がなかったため車のディーラーになり、二三歳の時に工場に転職してきた。その後、中堅管理者育成コースに合格すると、夜間大学に進学し、働きながら大学を卒業するという努力家である。

その粘り強さで、オペレーターたちとともに、規格外のマシンをコツコツと復旧してきたのだ。

しかし、進行はギリギリだった。立ち上げ直前の三月六日、N6は操業テストでトラブルが相次ぐ。野口らは三日三晩建屋に泊まり込んだ。

「各ロールを洗浄するためにシャワーを使うと、水があまりに汚くて、ノズルが詰まっちゃうんですよ。でも、先に立ち上がった8号やN4はガンガン水を使っているし、原因は工場の外ではなく、構内なんだろうなと。六日に汚れを除去する設備を作ろうとしたんですが、七日に連続的な欠陥が来て、紙が切れてしまった。まあ、それでその日は終わりです。お披露目もあるし、広告も出しちゃったし、これは世間的にまずいぞと……」

三月九日の式典には、震災から一年ということもあり、石巻市長、マスコミ関係者、芳賀社長も来場する予定だ。ここで紙がつながらなければ面目が立たない。

「パネル室で見守る工場長の顔がみるみるうちに険しくなってきて、やばいよなあ、と思っていました」

野口は、倉田を厳しい人だと言う。だが、「抄造の負担をわかっている人。僕らの味方だと思っていました」と評する。

トラブルは続く。抄紙の途中で、紙に穴が開いて切れてしまうのだ。

N6は、家電量販店のチラシや通販カタログのような薄くて柔らかい紙を作っている。もともとほかの紙に比べて切れやすい。しかも紙を抄く速度が、8号のおよそ倍である。ほんの少しの衝撃も致命傷になって、あっという間に切れてしまう。

今回の場合は、まず紙の真ん中に縦方向に穴が開き、そこから一気に横へと切れていく。

「つながんねえなあ……」

N6には高性能のモニターがついている。この探知機で調べると、まずドライヤーパートで小さな穴が開き、それがコーターについている、紙の表面に塗料をコーティングする際に使うブレード、すなわち大きなヘラに接触した時に、紙が切れてしまうことがわかった。

「ドライヤー部分で穴が開くんだから、乾燥率を調整すればいいんじゃないか」

原因は突き止められなくても、対策は立てられる。

野口らは、ここでドライヤーパートでの乾燥条件を少しずつ調整してみることにした。

乾燥していると穴が開きやすい。そこで水分を保ったままで、このドライヤーパートを乗り越えさせる作戦だ。

「頼むぞ、つながってくれ」

シルバーの外壁に覆われたN6マシンは、大掛かりな分、小さなトラブルも格段に多い。だからこそ腐りもせず、喜びすぎもせず、淡々と問題解決に当たるリーダーが必要なのだ。

野口は腕組みをして、マシンを見つめていた。

すると紙は切れることなく、軽快にコーターを滑っていく。

「よし！　行った」

その後、紙切れの原因を見つけるために、野口たちは、ドライヤーパートの下に潜り込むと、懐中電灯を片手に目を凝らして、隅から隅まで原因を探した。

すると紙を乾燥するドライヤーのシリンダー表面の溝に、一センチほどの小さなビスが刺さっているのを見つけた。震災の日に、天井から落ちてきたものらしかった。

そのほんの五ミリほどの突起が、シートに当たり、そこが弱くなって紙は切れていた。

「こいつか……」

野口は、オペレーターたちと、小さな銀色のビスをしばらく掌で転がして眺めていた。

それをつまみ上げると、ポケットに入れる。

すでに泊まり込んでから三日目の朝が明けていた。

あの日も三月だった。

順調に運転を始めたN6マシンを眺めながら、彼の胸には復興までの様々な光景がよぎっては消えた。においや暑さ、寒さ、そして大量の震災蝿を手で払いながら、掻き出した泥の重さはまだ、体の記憶として染みついている。

みなで合羽《かっぱ》を着て、『今日も、頑張っぺ、頑張っぺ』と言いながら山から下りて、昼にはまた山へ上がりと、繰り返した。

永遠に終わらないのではないかと思っていた復旧作業が、終わろうとしていた。

じんとはしたが、涙は出なかった。

〈さあ、また忙しい日々が始まる……。ここがゴールじゃない。これからだ〉

総生産量年間三五万トン、世界最大級の生産量を誇るモンスターマシンN6号抄紙機がいよいよ操業を再開した。

操業のスイッチを押したのは芳賀社長だ。三月二六日、あの復興宣言の時には眠っていた巨大マシンが、うなりをあげて動き出す。紙がリールに巻きつく瞬間には、内外から来た人々の間から大きな歓声が上がった。

このニュースは震災から一年という節目の時期に、新聞を大きく飾る明るいニュースとなった。

日本製紙全体での震災被害はおよそ一〇〇〇億円。その中で石巻工場の回復費用が大半を占めており、私企業では東京電力に次ぐ巨額の費用が投じられた立て直しだった。

作家森村誠一は、震災後一年をこう詠んだ。

立ち腐るままに終わらず震災忌

日本製紙石巻工場は、家族や知人、同僚たちを亡くし、家や思い出を流された従業員たちが、意地で立ち上げた工場だ。

だが、読者は誰が紙を作っているかを知らない。

紙には生産者のサインはない。彼らにとって品質こそが、何より雄弁なサインであり、彼らの存在証明なのである。

第九章　おお、石巻

2012年8月30日、日本製紙石巻工場は完全復興を果たした

1

野球部の二〇一三年のシーズンが始まった。

二〇一一年、二〇一二年と、今一歩のところで成績を残せなかった野球部は、今年こそ、という想いに燃えていた。

だがこの年も、厳しい戦いが続いていた。彼らは、都市対抗野球大会の予選前に開催される東北大会で三連敗を喫するのである。しかも、三連敗の二戦目、前年の都市対抗覇者ＪＸエネオスには、満塁ホームランを打たれるという嫌な負け方だった。木村は苦笑いを浮かべる。

「満塁ホームランというのは、非常にこたえるんですよ」

しかし、都市対抗一次予選の対ＪＲ東日本東北戦で、今まで湿りがちだった打線の流れを、八回に代打出場を果たした小池が変える。

彼は木村監督就任前から、日本製紙石巻に在籍している選手だ。華やかな選手が次々と入部してくる中にあっても、派手な自己主張をすることもなく、毎朝社宅の前で、黙々と素振りをし、ランニングを続けていた。その姿を、従業員たちは見守り続けてきた。

従業員たちの想いを乗せて、彼が一打を放った時、応援団席は一斉に立ち上がり歓声を上げ、大きな声で「小池ーっ」「小池ーっ」と名前を呼んだ。この同点打を皮切りに打線が爆発し、一挙五点の猛攻で、五対一の逆転勝利を果たしたのである。

しかし、都市対抗はどのチームも本気で勝ちに来る。その後も一点差で勝ったり負けたりという接戦が続き、二次予選へとなだれ込んだ。

ここで思わぬ伏兵があらわれる。最近有力選手を補強し、メキメキと強くなってきた山形のきらやか銀行である。このチームに延長戦で負けてしまう。

本来ならこれで本戦出場の夢は破れるところだ。しかし、東北予選大会には、独特の制度があった。

ワイルドカード。これは三つのブロックで二位になったチームから、勝率の高い一チームを決勝トーナメントに進出させるという制度だ。

日本製紙石巻はこの制度で救済された。

トーナメント初戦で当たったのは再びきらやか銀行である。

もうここで負けるわけにはいかない。中盤五回までリードされていた石巻だったが、主砲の伊東亮大《いとうりょうた》を始めとする打線が爆発し、まるで昨年、一昨年と、思ったような野球ができなかったうっぷんを晴らす会心の連打だった。

石巻応援団から大歓声が沸きおこる。

木村監督はベンチで選手たちを見つめながら、思わずつぶやいていた。

「野球の神様は、本当にいるのかもしれないな……」

選手たちはまるで、重いものから解き放たれたかのように塁を回った。

木村は言う。

「負けた時の苦しみは大きい。だが、それだけに終わらない。だから野球は面白い」

日本製紙石巻はきらやか銀行を六対四で下した。続くTDKも下し、野球部史上二回目となる都市対抗本戦への出場を果たしたのである。

七月一七日、二年間待ち続けた都市対抗本戦当日。対するは長野市の信越硬式野球クラブ。場所は東京ドームだ。

関連会社を含めておよそ一万人の応援団が、三塁側のみならずレフトスタンドまで埋め尽くした。皆、チームカラーである水色のスティックバルーンを持っている。

スタンドの一角に陣取っているのは、大きなメガホンを持ったメガホン隊である。これは、新生紙パルプ商事と、日本紙通商という紙の代理店が作った応援団で、大昭和製紙時代から、都市対抗に出ると彼らが応援に駆けつけるという伝統があった。

内野席では石巻の大きな大漁旗がはためいている。

東京のテレビ局も注目し、「復興のシンボル」としての日本製紙の活躍をニュースで取り上げた。

この日石巻市内では、FM石巻が実況を中継していた。

遠く離れた石巻の空に、ドームの歓声が響く。

「日本製紙。頑張れ！　勝てよ！」

ラジオ放送で解説者を務めるのは、原材料課の漆畑《うるしばた》課長。彼は以前野球部に在籍しており、この日は特別出演である。この親しみやすさが社会人野球のひとつの魅力だ。スタンドでは総務課の若手が、パソコンで戦況を工場に逐一《ちくいち》報告する。

都市対抗のルールとして、三人の補強選手を地域の他チームから取ることができる。都市対抗では日本製紙石巻は一企業だけの代表ではない。東北を背負っている。

この日、石巻は一回裏に一点を先制された。二回表に一点を取り返すが、その裏にまた二点取られるという嫌なゲーム展開だった。

流れは信越クラブに傾いている。

しかし、この年の日本製紙石巻は昨年までと違った。二点をリードされた三回表、ワンアウト一、三塁でバッターボックスに立ったのは伊東だ。一九四センチ、九四キロ。長身の彼が、勝ち越しとなる一打を放つ。この回、五連打を含む七安打を集め一挙六点を奪った。

点を取るごとに観客席が大きく揺れ、大歓声が上がる。石巻の応援歌が、東京ドームに高らかに響き渡る。

おお　おお　石巻　覇権を握れ
おお　おお　石巻　チャンスを摑め
誰も彼もが　待ってたこの日
攻めよ攻め抜け　わが石巻
北上川と空の青
勝利の歓喜に　尚晴れわたる
おお　おお　わが石巻！

この歌詞を口ずさむ時、みなの心の中に、様々な思いが去来した。

震災の日、初めて本社に石巻工場の状況をもたらした元関西営業支社の近藤政彦《こんどうまさひこ》は、現在石巻工場で勤務している。近藤は、有休を使って東京ドームに応援に行っていた。ビールを片手に野球部の応援をしながら、ため息まじりにこう言った。

「こんな日が来るとは……」

都市対抗の大舞台で、選手たちが次々と放つヒットを、眺めていた。

8号の親分、佐藤憲昭は、ドームの観客席で偶然懐かしい顔に会った。

「あ、自転車の人！」

「ホウレンソウの人！」

「こんなところで偶然だなあ、どうしてた」

「あの時はお世話になりました」

震災三日目、大川へ向かう道すがら、コーヒーをごちそうしてくれたタバコ屋の主人だった。

石巻では、漆畑課長の実況中継に一喜一憂している。

工場内でも「また一点入りました！」「ようし！」と声が上がり、手を叩いて喜びあった。

めた。

相沢《あいざわ》、相原《あいはら》と継投《けいとう》し、信越クラブを抑えて、ついに都市対抗で創部以来初の勝利を収

二回戦は七月一九日。対するは福山市、倉敷市のJFE西日本。ここでも日本製紙石巻の勢いは止まらなかった。ピッチャーは一回戦に続き相沢。この試合では二回の裏、後藤禎隆《ごとうよしたか》のタイムリーツーベースで一点を先制、その後三塁に進んで、続く家古谷《けごや》がスクイズを決め、二点目を追加した。さらに伊東のタイムリーで二点と、一挙四点を奪った。

「伊東は予選まで絶不調だったのに、こういう大舞台でおいしいところを持っていく」

と、木村は笑った。

水色のスティックバルーンが、スタンドで揺れた。

それまで早大出身の後藤貴司はベンチを温めていた。

「貴司、行ってこい！」

七回。守備からの出場となった。

グラウンドへ飛び出していく貴司は、心の中で思っていた。

〈やっと、報われた〉

石巻で来る日も来る日も瓦礫を撤去していた彼が、東京ドームのグラウンドに立つ。

「貴司ーっ！」「貴司ー、頑張れよー」

憲昭ら、同僚たちが声を張り上げた。

当たり前に野球ができること。そして試合を観戦してもらうこと。

それがうれしい。

二〇一一年、日本製紙野球部に入部した貴司が、東京ドームの鮮やかな人工芝の中を駆けていく。まばゆいライトが、大柄の彼にいくつもの影をつけた。その背中に、日本製紙の応援スタンドから拍手が起きる。

八回表、JFE西日本の反撃で一点を返された。しかし、あとはきっちり抑え、ゲームセット。日本製紙石巻は喜びを爆発させた。

創部以来のベスト8でこの年のシーズンを終えた。

五年間で野球部をここまで強くした木村は、この年ユニフォームを脱いだ。

そして、二〇〇六年、あの夏の甲子園で日本全国を沸かせた早実の四番ショート後藤貴司も、このシーズンで静かにグラウンドを去っていった。

それから半年、貴司の姿は東京本社新聞営業部にあった。

大きく厚い胸板に、ストライプのワイシャツは窮屈そうだ。毎日慣れない得意先回りをしている。

「二十数年、野球ばっかりやってきましたからね。最初は自分の芯が抜かれたような気持ちになりました。ただ、だいぶ前からどこかで覚悟をしていましたから。今はしっかり仕事をするだけです。新聞用紙の市場は毎年縮小傾向にあります。いい話はなかなか……。でも、震災という、どん底の時期に入って乗り越えてきたんです。きっと、ここも乗り越えられるんじゃないか、と思っています」

貴司はふっきれたような笑顔を見せた。

2

倉田博美は、二〇一二年九月、日本製紙石巻工場の工場長を退き、今は顧問として北海道の千歳に暮らす。悠々自適な生活をする傍ら、二〇一三年、自らの体験を『絶望と感動の538日』という本にまとめて上梓《じょうし》した。

「自らの体験を学校などで話す活動をしようと思っていたんですよ。でも、あの頃のことを語るのは耐えがたくてね。文章にするのが精いっぱいです。もう一度震災が起きて、同じことをやれと言われたら、無理だね」

ベトナム戦争からの帰還兵がそうだったように、震災を免れた街にいると、倉田はときおり妙な違和感を持つことがある。

〈自分だけが浮いている〉

いつか震災の記憶も薄れ、忘れられるだろうと倉田は思っていた。しかし、年を追うごとにいっそう記憶は生々しくなってくる。

旭川に転勤した人間に会うと、こんな話をすることがあった。

「今思えば、我々はまるで病気のようだったな。そして、今も心に何かを負っている」

言葉にしがたいこの感覚を、今後も被災していない人と共有することは決してないのだと、いつしか倉田は悟るようになった。

しかし、倉田にとっても阪神淡路大震災は他人ごとだったのだ。人を責めることなどできないと言う。

今もその内面を、取材の時に見せることはめったにない。

始終淡々と言葉を話す理由を聞くと、倉田はこう答えた。

「私だって人と同じです。悩みますし、苦しみました。しかし、私は工場長です。暗い顔をしていたら部下は不安になるだけです。『工場長の仮面をかぶって演じてやろうじゃないか』と思っていました。それはね、今もそうですよ」

そう私に言うと、彼は薄く笑った。

一線を退いてから、大型バイクの免許を取った。きっかけは震災だった。「命があるうちに好きなことをしないと」というのが、その動機だ。

野球部の試合が青森であるというので、倉田はバイクで球場に向かった。二〇一三年の都市対抗本戦行きを決めた試合だ。

ゲームが終わった後、倉田が木村の元へ行き、「ありがとう、苦労をかけたね」と言うと、木村は涙を流し「あの震災の時にも野球をやらせていただけたおかげです」と答えた。

苦しいところをくぐり抜けたふたりは、肩を叩いて健闘をたたえあった。

倉田に製紙業界の未来を聞くと、「明るい材料はあまりないね」と言う。

「少子化で市場が縮小傾向にあり、年を取ってくるにつれて人は本を読まなくなります。

見通しは決して明るくない」

　この国がゆっくりと下り坂を降りていくのとともに、製紙会社もその規模を小さくする運命にあるというのが倉田の見方だ。アジアにもN6と同規模の巨大マシンが造られ、大きな脅威になっている。電子書籍化もますます進んでいくだろう。東日本大震災から立ち上がったと言っても、製紙業界はこれからも修羅場をくぐらなければならない。見通しは決して明るくないのだ。

　確かに日本製紙は石巻工場と野球部を守った。しかし、まだまだ守り切ったとは言えない。一製紙会社の運命は、日本の製造業、東北という地域、そして日本の未来に重なってくる。

「起死回生の秘策はありますか？」と問えば、「それは、新聞業界や、出版業界に頑張ってもらわないと。ヒットが出れば紙は出るんじゃないですか？」と、彼は言う。

出版業界に身を置く者は、倉田から目に見えない「駅伝のたすき」を託されている。

――いい本を作れば必ず紙は売れる。あとはあなたたちがどうするかだ――

『２０１４年版　出版指標年報』によると、二〇〇〇年には書籍と雑誌を合わせた推定販売部数はおよそ四一億八〇〇〇万冊だったのが、二〇一三年は、二四億四〇〇〇万冊にまで落ち込んでいる。出版物の販売数は坂道を転がり落ちるようにして減っている。

それに抗うようにして、出版社は短期間で次々と本を世の中に送り出す。出版不況にあえぐ版元は大きく負けることができない。赤字を出せない彼らは、ある程度売れる本を出そうと、安全圏で手堅く商売をしようとする。結果として似たような本が増えていく。

もちろんそんな本ばかりではない。書店を探してみれば、作り手の覚悟が形になったかのような誇り高い一冊が見つかるはずだ。容易ではないが、見抜くのは読者の持つ役割だ。

本が手元にあるということはオーストラリアや南米、東北の森林から始まる長いリレーによって運ばれたからだ。製紙会社の職人が丹精をこめて紙を抄き、編集者が磨いた作品は、紙を知り尽くした印刷会社によって印刷される。そして、装幀家が意匠をほどこし、書店に並ぶのだ。手の中にある本は、顔も知らぬ誰かの意地の結晶である。

読者もまたそのたすきをつないで、それぞれが手渡すべき何かを、次の誰かに手渡すことになるだろう。こうやって目に見えない形で、我々は世の中の事象とつながっていく。

本それぞれの装幀は、個性的に作られている。表紙を開けて、本文の紙をめくってほしい。紙は張り感があり、しかも、それが強すぎずしなやかに重なる。紙は嵩が高く、しかも軽量なのが特徴だ。色もただの白ではない。様々な色があり、そこには作り手のこだわりがこめられている。写真のページも、柔らかい風合いを残したまま軽く、しかも美しい色が再現できる紙が増えている。

8号の親分、憲昭は今も石巻の8号マシンで紙を作り続けている。なぜそこまでして石巻工場を復興させ、紙を作ろうとするのだろう。憲昭と娘の礼菜に話を聞いた。

「いつも部下たちには、こう言って聞かせるんですよ。『お前ら、書店さんにワンコインを握りしめてコロコロコミックを買いにくるお子さんのことを思い浮かべて作れ』と。小さくて柔らかい手でページをめくっても、手が切れたりしないでしょう？　あれはすごい技術なんですよ。一枚の紙を厚くすると、こしが強くなって指を切っちゃう。そこで、パルプの繊維結合を弱めながら、それでもふわっと厚手の紙になるように開発してあるんです」

子どもも、そしてかつて子どもだった大人も夢中になって読んだ漫画雑誌の一枚、一枚の手触りに、彼ら無名の職人たちの矜持と優しさがこもっている。

「衰退産業だなんて言われているけど、紙はなくならない。自分が回している時はなくさない。書籍など出版物の最後のラインが8号です。8号が止まる時は、出版がダメになる時です。ネットが全盛の世の中ですが、もしかしたら、サーバーがパンクして世界中の情報が消失しちゃうということだってあるかもしれないでしょう。その日のためにも、自分たちが紙を作り続けなければと思っています。

娘とせがれに人生最後の一冊を手渡す時は、紙の本でありたい。メモリースティックじゃさまにならないもんな。小さい頃から娘を書店に連れていくと、『おとうの本だぞ、すごいだろう』と自慢をするんですよ。だから娘は言ってくれる……」

そこまで憲昭が語ると、それを隣で聞いていた礼菜はまぶしそうに笑って、その言葉を継いだ。

「本はやっぱりめくらなくちゃね……。お父さん」

エピローグ

取材を終えて、私はコートを羽織ると石巻工場の構内にある事務所から外に出た。寒い。体の芯まで凍えさせる空気の冷たさだ。見上げれば、煙突から出る水蒸気が灯りに照らされて、濃紺の夜空に立ちのぼっている。

事務所の前には白いバンが止まっており、作業着を着た工場の運転手がドアを開けて出迎えてくれる。私は車に乗り込む前に、もう一度石巻工場の姿を目に焼きつけた。後ろを振り返れば、巨大な蒸解釜が聳《そび》え立っている。憲昭が８マシンを「姫」に喩えていたが、私もいつしか彼らの話に引き込まれ、この工場をまるで巨大な生き物のように感じていた。

私は、石巻工場に心の中で別れを告げた。

車に乗り込むと、ガラガラッとドアが引かれ、バタンという音とともに私の周りが静かになった。運転席に乗り込んできた運転手の「仙台駅まで参ります」という声に、

「お願いします」と答える。カチカチというウィンカーに送られて、私は工場を後にした。心地のよいエンジン音にしばらく揺られていると、眠気が来る。

運転手が後部座席に乗っている私に話しかけてきた。

「佐々さんは、どこの人ですか？」

私は答える。

「横浜です。運転手さんは、こちらのご出身ですか？」

「私ですか、以前南浜町に家がありました……」

「そうですか……」

私はなんとなく運転手の手元あたりに目をやる。

「震災当時はどちらにいらっしゃったんですか？」

「当日、私は村上主任が石巻市役所にいる間、正門の前で待っていたんです」

「ああ、総務の村上さんを当日工場まで送り届けた運転手さん。……菅原さんですね？」

「はい。揺れがあった時は車の中にいました。すごい揺れだったよね。サイレンとかは全然聞こえませんでした。ダンダンダンダンとはたかれるような音がして、外壁が車に落ちてきたんです。『これは潰される』と思って、市役所の正門の方まで逃げてきたんです。そうしたら、ちょうど村上さんが出てきたんです。『工場へ』というので急いで車を回しました。道は空いていたので、スムーズに戻ることができました」

証言をつなぎあわせる作業は、まるでパズルのピースを組み合わせて大きな絵を作るようなものだ。ここで村上と菅原の証言が重なりあう。

あの日村上は、石巻市役所から工場に急いで戻って避難誘導をした。そして工場の正門で、菅原に工場の車を貸してこう呼びかけた。〈ご家族を迎えに行って、すぐに日和山に上がってきてください〉

「ご家族は大丈夫だったんですか？」

「ええ。おふくろと、女房と、近所のおばさんたちふたりを乗せて、私たちはすぐに山に上りました。命は助かりました」

「そう、よかったですね」

「ええ……。村上さんは命の恩人です」

少しの沈黙がある。私は車窓に映る景色を見ていた。以前住宅地のあったところは、まだ空地になっていて灯りがついていない。

「でも、急いで山には上りましたが、まさか家が壊されるような津波は来ないと思っていたんです。家はそのまんまで何ひとつ持ってきませんでした。……近所の人は途中で戻ったんです。『何と何を持っていかないといけない』と言って。あの人たちは二度と帰ってこなかった。……全部流されてしまいました」

「そうですか」

「息子の嫁は山の上にある幼稚園に自動車で上がりました。残った財産は、この自動車だけだったなあ。そういえば、知り合いのおばさんは物を取りに行ったら水が来てね。二階に逃げたんだけどそこにも水が来て。隣の家に挟まって奇跡的に流されなかったんです。ヘリコプターで救助されたって言ってました。そんな話ばっかりですよ。それでも生きている人にしか様子は聞けませんから」

「そうですね……」

三陸自動車道に入る。道は一車線で仙台駅へ向かう車で混んでいた。周りは田園と山に囲まれて暗い。テールランプだけが光の帯を作り、遥か彼方に伸びていた。この道は現在二車線にするための拡張工事をしている。

「避難所では、最初、電気もガスも水道も来なくなってね。食べ物の配給はやっともらえたのがバナナ三分の一個でした。物資が来るようになったのは、一週間後ぐらいだったかな。おにぎりとかね……。小学校に電気がつくようになったから、家が無事でも、電気を使いに避難所に来る人がいたんです。その人たちが電気ポット持ってきて、教室でカップラーメンを作るんですよ。そのラーメンのにおいがね、……すごいもんです。

ラーメンを食べたかったです。あの時は本当にそう思いました。それから徐々に食べ物は届くようになりました。だいぶ配給が来るようになって、最後の方に並んだ時には、五人しかいなくても八人分ってもらっちゃったこともあります。その時はちょっとあってたんですよ。残しておくのもあれだしね。

うちはそれからがたいへんでした。数日して日本製紙さんの社宅を貸していただきました。でもね、ひとつの社宅にばっちゃんと女房と私の三人、それから息子の家族四人、娘家族四人が同居していました。どこの家族もそうだったと思うけど、やっぱりたくさんの人数で暮らすのは大変でした。特にお風呂はね、沸かし湯でなかったもんで、次々入ると大変なことになる。それで、自衛隊がやってた公共浴場に入りに行っていました。

ある夜、雨が降っていました。すごく寒くてね。ばっちゃんは年も取っているし、片目が見えないんです。雨で転んだら危ないし、風邪なんかひかせちゃ大変だと思って『今日は外に出ないで家で待ってなさいよ』とみんなでお風呂に出かけて、ひとりで留守番させてたんです。お風呂行って帰ってきたら、大変なことになっていました。ひとりでお風呂入ろうとしたみたいで、蛇口に目ん玉をぶつけたみたいなんです。社宅が慣れてないんで感覚がわかんない。いい方をぶつけて、両方見えなくなっちゃったんです。『早く、仮設に入んなきゃな』って思ってたんですけど、なかなか抽選に当たらなくてね。年寄り優先だと言ってたのに、当たったのが一番最後でした。五か月社宅にいて、仮設に入ったのが一〇月でした。

仮設に移ってから、女房ががんだとわかりました。一一月ごろ小さな病院にかかったら、『大変なことになっているから検査してください』と言われてね。それから時間がかかって検査の結果が出たのは一二月でした。すい臓がんです。抗がん剤治療をすると、ばっちゃんの面倒見る人がいないからって、ばっちゃんを預かってくれるところを探さなきゃならない。ばっちゃんは八五歳。住み慣れた家から、学校へ避難し、その次に社宅です。それから仮設に行ったって、目が悪いからどこに何があるかわかんないんです。家だったら手探りでわかるんでしょうけど、小さい仮設の中でも全然、わかんなくて。

やっと施設を見つけたのが一二月の末でした。女房は年が明けてから抗がん剤治療です。一か月もしないうちにみるみる痩せて、骨と皮になってしまった。急いで家建てようと思ったんです。小さくても大きくてもいいと思いました。女房のために平屋の小さな家を建てたんです。でも、……間に合わなかった。

なんていったらいいかね、……。津波以降は毎日戦争でしたね。六〇歳になるまでごはんも作ったことないもの。若い時はトラックに乗ってて、次は観光バスです。いろんな観光地泊まり歩いて、帰ってこない毎日だったんです。でも家に帰れば女房がごはん

いしね……。作って待っていてくれる。それが一番でしたね。お金も、どこに何があるかもわかんな

女房は、最後まで痛いって一言も言わなかったです。人のことばっかり心配してました。治療してきても『お父さん、私は大丈夫だから』って言うんです。『具合悪かったら、寝ていていいから。どこかで食べて帰っから、いいよ』と言うんですけど、『注射してきて、調子いいの。ごはん作っておくから帰ってきて』って。抗がん剤で具合悪いって言ったことないです」

「……いい奥様でしたね」

「はい。私には過ぎたいい奥様でした」

菅原は自分の妻に「奥様」という言葉を使って笑った。その言葉から妻への愛情がにじみ出る。

「最後まで女房が言ってました。『ばっちゃんは私が引き取るから。ばっちゃんのために部屋を作ってね』って。だから新しい家には、ばっちゃんの部屋もあるんです。今はばっちゃんもひとりだし、私もひとりになってしまったけどね。新しい家はなんか落ち着かないんです。今も、自分の家のような気がしなくてね。旅先でホテルか何かに泊まっているようです。若い時に人任せにしてきたツケが回ってきたんでしょうかね。村上

さんは命の恩人なんです。せっかく助けていただいたのに、こんなことになってしまって、本当に申し訳ないんだけれど」

津波がなかったら、菅原は今頃どんな暮らしをしているだろうか。あの日救われた人も、震災によってその後の人生を大きく変えられてしまった。

「女房は病院には一〇日ぐらいしか入院しなかったんですよ。仕事が終わったら毎日病院に行っていました。私が帰った後、娘が病院に行って、息が苦しそうだと。私は夜も遅いから、『看護師さんにそのことを伝えて帰りなさい』と言いました。そして、一〇時過ぎに、病院から電話がかかってきましてね。気づいた時には、ひとりで亡くなっていたそうです。……かわいそうなことをしました。でも、苦しんだ様子がないんです。普通ならシーツが乱れた跡があるそうなんですが、そういうのもなくてね……」

車は仙台の街に入った。仙台にはビルが立ち並び、灯りが煌々とついている。イルミネーションがきれいだった。街は震災などなかったかのような顔をしてきらめいている。

「最後の日、私が家に戻ろうとすると、帰り際、女房は微笑んでこう言ったんです。『お父さん、風邪ひかないでね。バイバイ』それが最後でした」

きっと気丈な人だったのだろう。去りゆく姿を夫に見せて、悲しませたくなかったのかもしれない。私は、亡き人が生き残った人に託していったものの大きさについて考えていた。

「いろいろ、あるんですよ」

菅原はぽつりと独り言のようにそう言った。

「いろいろありますね」

次に言うべき言葉を探しながら、私は外を眺めていた。言葉は見つからず、車窓に映る風景は流れていく。


車は仙台駅前についた。暗い所から来るとここは昼間のように白くまぶしい。

私が降りると、菅原は車の外に出て私の荷物を出してくれた。

私は礼を言うと、頭を下げてその場を辞した。歩みだした私の背中に菅原が呼びかける。

「佐々さん！」

振り返ると菅原は言った。

「また、来てください！　今度は明るい話をしたいです。何か、楽しい話を用意しておきますから！」

笑顔だった。私は手を振りながら懸命に言葉を探していた。しかし、ふいにこみ上げてくるのは言葉ではなく、別の何かだった。

「また来ます！　ありがとうございます。お元気で！」

何度か私は頭を下げながら、ホーム階に続くエスカレーターに乗った。彼の姿が遠ざかっていく。

復興はこれからなのだ。

彼の実直な姿は小さくなり、やがて私の視界から消えた。

参考文献・参考資料

『絶望と感動の538日　東日本大震災・日本製紙石巻工場復興の記録』倉田博美
『震災の記録』日本製紙株式会社　石巻工場
『震災の記録　資料編』日本製紙株式会社　石巻工場
『復興の記録』日本製紙株式会社　石巻工場
『2014年版 出版指標年報』全国出版協会出版科学研究所

「石巻市南浜地区復興祈念公園（仮称）基本構想（案）参考資料」
http://www.thr.mlit.go.jp/bumon/b06111/kenseibup/memorial_park/miyagi/common/file/miyagi_sankoushiryou_01.pdf
「甲子園決勝再試合の夏から7年…早稲田実業　駒大苫小牧　栄光の球児たちの『その後』」（現代ビジネス）

http://gendai.ismedia.jp/articles/-/36535
「大津波の惨事　大川小学校　揺らぐ真実」（ダイヤモンドオンライン）
http://diamond.jp/category/s-okawasyo
酒井邦嘉（２０１３）「脳を創る『書店』」『kotoba』第11号（２０１３年4月号）集英社

解　説

ジャーナリスト
池上　彰

　書店で買い求めた本を、初めて開くとき。ページの間から、なんとも言えない匂《にお》いが立ち昇ってくる。思わずページの間に顔を埋め、香りを嗅《か》ぐ。

　そんな行動を友人に目撃され、変質者扱いされそうになったことがあります。でも、これも紙の本だからこそできること。本好きの人なら、私の行動を理解していただけるのではないでしょうか。

　本の香りは、それぞれに異なります。紙そのものが持っている匂いもあるでしょうし、インク特有のもの、製本のときの接着剤等、さまざまな要素が集まって、固有の香りを醸《かも》し出します。まずは読む前に嗅いでみる。その匂いで、一気に読み進む気になるものもあれば、じっくりと読んでみようと考えてしまうもの、その重厚さに、いささかたじろいでしまうもの。これも書の個性であり、文化を下支えしているのです。その儀式が終わったら、読み始めます。すると、ページをめくりやすいものとそうでないものがあります。それは、なぜか。

同じように不思議なのは、国語辞典や英語の辞書の紙の薄さ。あれだけ薄いのに、裏側の文字が透けて見えることはないのです。乾燥した冬場、静電気が発生しやすいのに、本の場合は、紙同士がくっつくことはありません。

ふだんこうした不思議さを思い浮かべることはないのですが、この本を読むと、日本の製紙業界が、いかに心血を注いで、こうした紙を製造しているかを知ることができます。

私の大好きな本は、こうした紙によって出来上がっていたのだという新たな発見。

「紙の質感は繊細な調成のもとに成り立っている。紙の本の最たる魅力は、何といっても、その触感にある」（本書より）

そうか、「調整」ではなく、こういうときは「調成」と表現するのか。私たちが何気なく見て触っている紙にも、針葉樹から作られるもの、広葉樹からのもの、古紙から作られるものと、実に多種多様。そんなことを教えてくれるのも、この本の魅力です。

「紙の本の手触りや香りは、文章の中身を理解し、記憶するのにも役に立っている」

（同）と指摘されると、その通りであることに思い当ります。あの文章は、あの本の中ほどの右のページの後半部分にあったはずだ……。こうやって記憶されていることも多いのです。

そんな紙の本が消滅することのきっかけになるかも知れない。大変な危機感を、出版社も書店も感じてしまった出来事が、二〇一一年三月に出来しました。

念のためですが、「出来」は「でき」ではなく、「しゅったい」と読みます。ここでは「起きてしまった」という意味で使っていますが、出版界では「出来上がった」という意味で使用しています。コミックの編集者を扱ったテレビドラマ「重版出来！」で、その意味を知った人もいることでしょう。本が売れて重版することになり、その重版分の本の印刷・製本が終わり、いよいよ書店の店頭に並ぶ、という意味です。出版社の編集者にとっても、本の著者にとっても、耳に心地よい魔法の言葉です。

思わず脱線しました。危機的な事態が出来したのは、東日本大震災で、宮城県石巻市にある日本製紙石巻工場が被災し、紙づくりができなくなったからです。

この影響を真っ先に受けたのは、コミック雑誌。紙が確保できず、内容を電子版で無料公開して読者の「読みたい」という要求に応える出版社が相次ぎました。もう紙に頼っていられない。この際だから、紙の本から電子版に重点を移そう。こんな動きが出たのです。

実はこのとき、私もある出版社から新書を出す準備が進んでいたのですが、編集者が「製紙工場が被災して、いつもの紙が使えなくなりました。なんとか別の工場に手配していますが……」と深刻な表情を見せていたことを覚えています。なんとか予定通りに出版に漕ぎつけましたが、出来した書籍は、いつもとは微妙に手触りが違っていたように思えました。

紙を造れなければ、本はできない。本離れが急速に進む。そんな危機感を背景に、日本製紙石巻工場は、津波で破壊された工場の再生に取り組むことになりました。

紙を待っている人たちがいる。工場の再開に時間をかけるわけにはいかない。とりあえず「8号抄紙機」と呼ばれるマシンを再稼働させる方針が決まります。それは、実に過酷な計画でした。関係者の誰もが無理だと考えた再生計画。しかし、石巻を支えてきた日本製紙の工場が動き出さないと、石巻の復興はない。

まずは瓦礫《がれき》を撤去し、水に浸かってダメになった電気のケーブルをつなぎ直し、七〇〇台近いモーターを復旧させることで電気を通す。それができたら、ボイラーを再稼働させる。順を追って作業を進めないと、復旧にはなりません。この作業を、ある社員は駅伝にたとえました。前の課が頑張ったことで、次は自分の課の担当になる。自分の課の任務を果たせば、次の課が動き出す。それは、まるでたすきをつないでいく駅伝のようだというのです。

ノンフィクションライターの佐々涼子氏が、日本製紙石巻工場の再生の物語を取材したのは二〇一三年。翌一四年六月に、成果が出版されました。

読んだ私は、ここに復興へと立ち上がる人々の力強さを感じます。かくして、この本を元にドラマが制作されます。テレビ東京開局五〇周年特別企画「池上彰のＪＡＰＡＮプロジェクト～ニッポンの底力スペシャル～」の中のドラマとして、二〇一四年一一月九日に放映されました。

主な出演者は俳優が演じましたが、多くの社員の方々が、自分の役を演じてくださいました。

巨大マシンがうなりを上げて動き出すシーンは、涙なくして見ることはできませんでした。

人々を感動させるドラマ。それはもちろん、石巻工場の人々の格闘と葛藤があったからですが、そこには著者の佐々涼子氏の取材力と筆力がありました。

私が佐々さんの作品と初めて巡り合えたのは、彼女が『エンジェルフライト』（集英社文庫）と名付けた「国際霊柩送還士」の仕事を追ったノンフィクションでした。海外で不慮の事故などで亡くなった人の遺体を無事に遺族のもとに送り届けるという職業を取り上げたのです。

傷みのひどい遺体に丁寧に化粧を施し、場合によっては遺体を修復し、遺族に届ける。その壮絶で厳粛な仕事を描く筆致には舌を巻きました。

彼女が取り上げる人たちは、ふだん華やかな場とはほど遠い職場で、黙々と自分の仕事を果たしています。でも、ノンフィクションという仕事もまた、そういう職業ではないかと私は思うのです。

「ノンフィクションを書いていると、私が能動的に書いているというよりは、物語という目に見えない大きな力に捕えられて、書かされているのだと感じることがある」（本書より）

佐々さんは、そう述懐しています。まさにこうして、この作品が生まれました。読者は、ここに描かれたドラマから、極限状態の人間の弱さと醜さと、そして気高さを知ることでしょう。

製紙工場の人たちの仕事のおかげで、私たちは、こうして紙をめくりながら読書を楽しむことができ、佐々さんのようなノンフィクションライターがいることで、知られざるドラマを堪能できるのです。

願わくば、この文庫本についても、「重版出来！」という言葉が聞かれますように。

二〇一七年一月

本書は、二〇一四年六月に早川書房より単行本
として刊行された作品を文庫化したものです。

著者略歴：佐々涼子（ささ・りょうこ）
1968年生まれ。早稲田大学法学部卒。日本語教師を経て、ノンフィクションライターに。主な著作に『エンジェルフライト 国際霊柩送還士』（2012、第10回集英社・開高健ノンフィクション賞受賞）。『駆け込み寺の男―玄秀盛―』（2016、ハヤカワ文庫）。

写真提供　日本製紙株式会社石巻工場（口絵 p.129 ～ p.135）
　　　　　荒木奏子（口絵 p.136）
協　　力　日本製紙株式会社
　　　　　石巻市のみなさん

【使用紙】
本文：石巻8マシン文庫用紙（日本製紙石巻工場 8号抄紙機）
口絵・カバー・帯：オーロラコート（日本製紙）
表紙：早川文庫表紙（北越紀州製紙）

図書館ねこデューイ

——町を幸せにしたトラねこの物語

Dewey

ヴィッキー・マイロン

羽田詩津子訳

ハヤカワ文庫NF

アメリカの田舎町の図書館で保護された一匹の子ねこ。デューイと名づけられたその雄ねこはたちまち人気者になり、町の人々の心のよりどころになってゆく。ともに歩んだ女性図書館長が自らの波瀾の半生を重ねつつ、世界中に愛された図書館ねこの一生を綴った感動のエッセイ。

HM=Hayakawa Mystery
SF=Science Fiction
JA=Japanese Author
NV=Novel
NF=Nonfiction
FT=Fantasy

紙《かみ》つなげ！　彼《かれ》らが本《ほん》の紙《かみ》を造《つく》っている
再生・日本製紙石巻工場

〈NF486〉

二〇一七年二月十日　印刷
二〇一七年二月十五日　発行

（定価はカバーに表示してあります）

著者　佐《さ》々《さ》涼《りょう》子《こ》
発行者　早川浩
印刷者　草刈龍平
発行所　株式会社　早川書房

郵便番号　一〇一 - 〇〇四六
東京都千代田区神田多町二ノ二
電話　〇三 - 三二五二 - 三一一一（大代表）
振替　〇〇一六〇 - 三 - 四七七九九
http://www.hayakawa-online.co.jp

乱丁・落丁本は小社制作部宛お送り下さい。
送料小社負担にてお取りかえいたします。

印刷・中央精版印刷株式会社　製本・株式会社川島製本所

ISBN978-4-15-050486-1 C0195

本書は活字が大きく読みやすい〈トールサイズ〉です。